개념이 술술! 이해가 쏙쏙!
물리의 구조

개념이 술술!
이해가 쏙쏙!

물리의 구조

가와무라 야스후미 감수 ㅣ 이인호 옮김

시그마북스
Sigma Books

개념이 술술! 이해가 쏙쏙!
물리의 구조

발행일 2021년 5월 6일 초판 1쇄 발행
　　　　2023년 1월 5일 초판 2쇄 발행
감수자 가와무라 야스후미
옮긴이 이인호
발행인 강학경
발행처 시그마북스
마케팅 정제용
에디터 최연정, 최윤정
디자인 강경희, 김문배

등록번호 제10-965호
주소 서울특별시 영등포구 양평로 22길 21 선유도코오롱디지털타워 A402호
전자우편 sigmabooks@spress.co.kr
홈페이지 http://www.sigmabooks.co.kr
전화 (02) 2062-5288~9
팩시밀리 (02) 323-4197
ISBN 979-11-91307-27-6(03420)

執筆協力　　上浪春海、入澤宣幸
イラスト　　桔川 伸、北嶋京輔、栗生ゑゐこ
デザイン・DTP　佐々木容子 (カラノキデザイン制作室)
編集協力　　堀内直哉

Original Japanese title: ILLUST & ZUKAI CHISHIKI ZERO DEMO TANOSHIKU YOMERU!
BUTSURI NO SHIKUMI
Copyright © 2019 NAOYA HORIUCHI
Original Japanese edition published by Seito-sha Co., Ltd.
Korean translation rights arranged with Seito-sha Co., Ltd.
through The English Agency (Japan) Ltd. and Eric Yang Agency, Inc

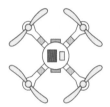

머리말

이 책을 집어 든 독자 여러분 중에는 '물리'에 관심이 있지만 '물리는 역시 어려워', '학교 다닐 때 포기했어', '나는 문과니까 잘 모르겠다'라는 생각을 하는 사람이 많을 것이다.

물리학을 어렵다고 생각하는 사람이 많지만, 사실 물리학은 이과든 문과든 상관없이 이해할 수 있다. 굳이 복잡한 수식을 쓰지 않아도 물리의 본질은 이해할 수 있기 때문이다. 따라서 물리가 어렵다고 생각하는 사람이나 자신이 '문과'라고 생각하는 사람은 꼭 이 책을 읽어봤으면 한다.

2020년대가 된 오늘날은 고도로 발전한 과학 기술 사회이자 정보화 사회다. 교양 있는 인생을 살려면 이러한 과학 기술에 관해서도 어느 정도 알고 있는 편이 좋지 않을까? 컴퓨터와 스마트폰을 활용하기 위한 정보 통신 기술, 향후 발전할 자율 주행차에 필요한 기술, 건강과 미용에 관한 의약품 등 다양한 분야가 있다. 이 책은 그러한 기술을 이해하기 위한 첫걸음을 떼는 데 유용할 것이다.

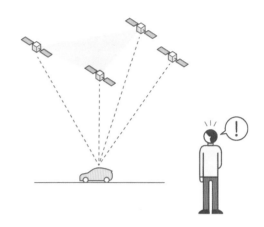

　수많은 독자 여러분이 물리를 접하기 쉽게 하기 위해, 되도록 어려운 수식을 쓰지 않고 평범한 문장으로 물리의 정수를 소개했다. 책 곳곳에 실려 있는 아기자기한 일러스트를 보는 재미도 있을 것이다.

　앞으로 살아갈 인생을 풍요롭게 만들기 위해 이 책으로 물리를 다시 배워 보면 어떨까? 매일 바쁜 나날을 보내고 있겠지만, 전철을 타고 이동할 때나 버스를 기다릴 때 등 소소한 빈 시간에 물리의 즐거움을 느껴보면 좋을 것이다.

　부디 이 책을 통해 즐겁고 풍요로운 시간을 보내기를 바란다.

도쿄 이과대학 이학부 물리학과 교수

가와무라 야스후미

차례

제 2 장 계속 펼쳐지는 다양한 물리

제3장 최신 기술과 **물리의 관계**

제 4 장   매일매일 말하고 싶은 물리 이야기

제 1 장

일상적인 궁금증과 물리의 원리

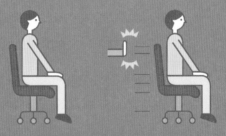

우리 주변에는 다양한 물건과 자연 현상이 당연하다는 듯이 존재한다. 그
런데 문득 생각해보면 어떤 원리로 돌아가는지 잘 모를 때가 많다. 관성
의 법칙, 인력·중력, 부력 등 우리 주위에 있는 물리의 원리를 살펴보자.

01 왜 전철 안에서 펄쩍 뛰어도 뒤로 밀려나지 않을까?

그렇구나!

관성의 법칙에 따라
사람과 전철이 똑같은 속도로 운동하기 때문이다!

달리는 전철 안에서 펄쩍 뛰어오르면, 우리 몸은 전철이 앞으로 나아간 만큼 뒤로 밀려나지 않을까? 아니다. 원래 뛰었던 그 자리에 착지할 뿐이다. 왜 그럴까?

물체가 움직이는 것을 물리학에서는 **운동**이라고 한다. 전철이 쭉 뻗은 선로 위에서 계속 같은 속도로 운동하고 있다고 하자. 이를 **등속직선운동**이라고 한다. 이때 전철에 탄 사람도 전철과 함께 등속직선운동을 하고 있다[그림1]. 등속직선운동하는 물체는 다른 힘을 받지 않는 한 계속 똑같은 방향과 속도로 운동을 이어나간다. 바로 **관성의 법칙**이다.

이때 전철에도 사람에도 **관성**이 작용한다. 관성은 **멈춰 있는 물체는 계속 멈춰 있고 움직이는 물체는 계속 움직이려는 성질**[그림2]이다. 따라서 뛰어오르기 위해 발돋움을 할 때도, 뛰어올라 공중에 있을 때도, 다시 착지했을 때도 항상 사람은 전철과 함께 등속직선운동을 하고 있는 것이다. 전철이 급브레이크를 밟았을 때 사람은 몸이 앞으로 쏠린다. 전철이 갑자기 속도를 줄이더라도, 관성의 법칙에 따라 사람은 계속 등속직선운동을 하기 때문이다. 전철은 멈추려고 하는데 안에 있는 사람은 계속 운동하려다 보니 결과적으로 몸이 앞으로 쏠리는 것이다.

사람도 전철과 함께 등속직선운동을 한다

▶ 전철과 사람은 똑같은 운동을 한다 [그림1]

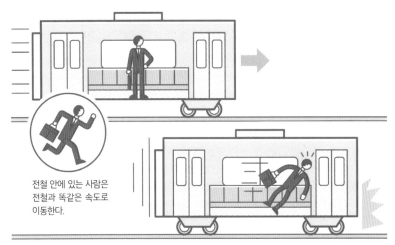

전철 안에 있는 사람은 전철과 똑같은 속도로 이동한다.

전철이 등속직선운동을 할 때는 안에 있는 사람도 등속직선운동을 한다. 그래서 전철이 급브레이크를 밟으면 사람만 계속 등속직선운동을 하므로 몸이 앞으로 쏠리는 것이다.

▶ 관성의 성질 [그림2]

물체는 힘을 받지 않으면 계속 멈춰 있으며, 한 번 힘을 받으면 다른 힘이 작용하지 않는 한 계속 등속직선운동을 한다.

힘을 받지 않으면 멈춘 채로 있는다.

힘을 받으면 다른 힘을 받지 않는 한 계속 운동한다.

02 왜 롤러코스터가 뒤집혀도 사람이 떨어지지 않을까?

 롤러코스터에 작용하는 **원심력**으로 인해 사람은 **좌석 방향으로 힘을 받기 때문**이다!

롤러코스터가 회전해서 거꾸로 뒤집혀도 사람은 아래로 떨어지지 않는다. 대체 왜 그럴까? 안전벨트를 매고 있기 때문일까?

벨트를 매고 있다 해도 공중에 거꾸로 매달리는 것은 매우 위험하다. 사람이 떨어지지 않는 건 롤러코스터에 작용하는 **원심력**이 중력보다 크기 때문이다.

회전하는 물체에는 원의 중심에서 멀어지는 방향으로 힘이 작용한다. 이것이 '원심력'이다. 물이 들어 있는 양동이를 손으로 잡고 빙빙 돌려 보면 원심력을 직접 느껴볼 수 있다[그림1]. 이때 양동이가 뒤집혀도 물이 쏟아지지 않는다. 이는 회전의 중심(이번 예시에서는 어깨)에서 멀어지려는 방향으로 원심력이 작용해, 물이 양동이 바닥 방향으로 힘을 받기 때문이다.

마찬가지로 회전하는 롤러코스터에도 회전 중심에서 바깥을 향해 튕겨 나가려는 힘이 작용한다. 하지만 선로가 있기 때문에 롤러코스터 자체는 바깥으로 튕겨 나가지 못하므로, 사람이 롤러코스터 좌석 방향으로 힘을 받는 것이다.

원심력은 회전 속도 제곱에 비례하며, **회전 반지름 길이에 반비례한다**[그림2]의 수식). 회전 속도가 빠를수록 더 작은 원을 그리며, 회전할수록 원심력은 커진다.

회전하는 물체에는 원심력이 작용한다.

▶ 양동이와 원심력 [그림1]

원심력은 회전의 중심에서 멀어지려는
힘을 말한다. 원심력 때문에 양동이에
든 물은 쏟아지지 않는다.

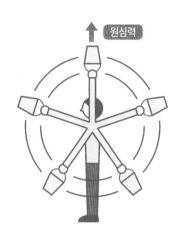

▶ 롤러코스터의 구조 [그림2]

$$m \times \frac{v^2}{r} = \overset{약}{5,000} > m \times g = \overset{약}{500}$$

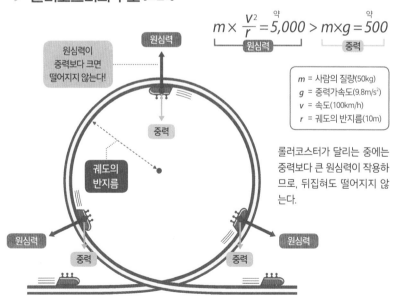

원심력이
중력보다 크면
떨어지지 않는다!

m = 사람의 질량(50kg)
g = 중력가속도(9.8m/s²)
v = 속도(100km/h)
r = 궤도의 반지름(10m)

롤러코스터가 달리는 중에는
중력보다 큰 원심력이 작용하
므로, 뒤집혀도 떨어지지 않
는다.

Q 엘리베이터, 상승 시 몸무게는 더 무거워질까 더 가벼워질까?

> 무거워진다 ⟩ or ⟩ 변하지 않는다 ⟩ or ⟩ 가벼워진다

엘리베이터를 타면 몸이 붕 뜨는 느낌이 들거나 몸이 무겁게 느껴질 때가 있다. 엘리베이터 안에 있는 체중계에 탄 상태에서 엘리베이터가 위로 올라가면 몸무게는 어떻게 변할까?

전철이 급발진할 때 몸이 진행 방향과 반대 방향으로 쏠리는 느낌을 받은 경험이 있을 것이다. 이는 물체가 외부에서 힘을 받았을 때 **관성의 법칙**(➡14쪽)에 따라 원래 장소에 계속 머무르려 하기 때문이다. 전철은 앞으로 나아가지만 안에 있는 사람에게는 계속 원래 위치에 머무르려는 힘이 작용하므로, 몸이 뒤로 쏠린다. 이 힘을 **관성력**이라고 한다.

전철은 옆으로 움직이지만, 엘리베이터는 위아래로 움직인다. 엘리베이터가 위로 오르기 시작하면 안에 있는 사물에는 관성력이 작용하며, 그 결과 몸이 체중계를 아래로 미는 힘이 더 커진다[아래쪽 그림].

엘리베이터의 움직임과 관성력

관성력

올라갈 때

올라갈 때는 체중계에 몸무게와 관성력이 작용하므로 더 **무겁게** 표시된다.

체중계

멈춰 있을 때

관성력

내려갈 때

내려갈 때는 관성력만큼 몸무게가 줄어들므로 더 **가볍게** 표시된다.

체중계를 아래로 미는 힘이 더 커지면, 몸무게는 관성력만큼 더 '무거워'진다. 따라서 엘리베이터가 위로 오르기 시작할 때는 체중계에 표시되는 몸무게가 더 커진다. 잠시 후 엘리베이터의 가속운동이 끝나고 등속직선운동이 시작된다. 이때도 관성이 작용하므로 사람은 계속 같은 속도로 위로 오르려 한다. 그러면 체중계를 아래로 미는 힘은 엘리베이터가 멈춰 있을 때와 똑같아진다.

참고로 엘리베이터가 아래로 내려가기 시작할 때는 체중계에 표시되는 몸무게가 더 가벼워진다.

03 왜 사람은 우주로 날아가 버리지 않을까?

그렇구나! 지구에 있는 사람은 원심력과 인력을 받는데, 인력이 원심력보다 더 크기 때문이다!

사람은 지구 위에 서 있다. 당연한 일이지만, 왜 사람은 우주로 날아가지 않고 지구 위에 서 있을 수 있는 것일까?

지구는 24시간에 한 바퀴씩 자전하고, 적도 둘레는 약 4만km, 회전속도는 적도 위에서 대략 초속 460m다. 그리고 회전하는 물체에는 **원심력**이 작용한다 (→16쪽). **원심력은 회전 중심에서 바깥쪽으로 향하는 힘이다.** 지구 위 우리에게 원심력만 작용한다면, 우주로 날아가 버릴 것이다. 하지만 그렇지는 않다. **인력**이 있기 때문이다.

모든 물체 사이에는 서로를 끌어당기는 힘(인력)이 작용한다. 지구와 지구상 물체도 마찬가지다. 지구 무게는 약 6,000,000,000조 톤이나 되므로, 우리를 아주 강하게 끌어당길 수 있다. 반면 원심력은 인력의 300분의 1에 지나지 않아 사람이 우주로 날아가지 않는 것이다[그림1]. **중력은 물체가 받는 인력과 원심력을 합친 힘이다.** 물체는 중력을 받으면 일정한 가속도로 낙하하는데, 이를 **중력가속도**라 하며 **G**라고 표기한다. 중력의 크기는 가속도 크기로 나타낼 수 있으며, G의 값은 약 $9.8m/s^2$이다. 이것이 우리가 지구에서 받는 중력가속도이다.

지구의 중력은 대단히 크다

▶ 자전에 의한 원심력보다 인력이 더 강하다 [그림1]

지구의 자전 때문에 생기는 원심력보다 지구 중심을 향해 작용하는 인력이 더 강하기 때문에 사람은 우주로 날아가지 않는다.

인력

지구 중심으로 사람을 끌어 당기는 힘

지구의 인력으로 인해 사람은 지구를 향해 끌려간다.

자전에 의한 힘

원심력은 인력의 **1 / 300**

사람은 자전에 의한 원심력도 받는다.

> 자전에 의한 원심력보다 인력이 더 강하다!

▶ 만약 '인력 < 자전'에 의한 원심력이 된다면 [그림2]

으악!

인력이 약해지거나, 자전이 빨라져서 원심력이 강해지면

만약 지구의 인력보다 지구 자전에 의한 원심력이 더 커지면, 사람은 우주로 튕겨 나갈 것이다.

04 어떻게 인공위성은 지구 주위를 계속 돌 수 있을까?

인공위성이 지구의 중력과 원심력이
평형을 이루는 속도로 날고 있기 때문이다!

행성 주위를 도는 천체를 위성이라고 하는데, 달이 지구의 위성이다. 인간이 로켓을 이용해 지구 상공으로 쏘아 올린 인공물이 자구 주위를 위성처럼 돌 수 있을 때, 이를 **인공위성**이라고 한다[그림1]. 인공위성이 떨어지지 않는 것은, 떨어지지 않을 만큼 빠른 속도로 움직이고 있기 때문이다. 즉 **떨어지기 전에 지구를 한 바퀴 돌 만큼의 속도**로 날고 있다. 공기저항은 무시하고, 지구상에서 공을 던졌다고 해보자. **중력의 영향으로** 이내 땅에 떨어진다. 만약 충분히 빠른 속도로 던지면 공은 떨어지기 전에 지구를 한 바퀴 돌 수 있다[그림2]. 이것이 인공위성의 원리다.

인공위성에도 원심력(➡16쪽)이 작용한다. **중력과는 반대 방향으로 작용하는 힘인데, 중력과 원심력이 정확히 평형을 이루는 속도로 날기 때문에 떨어지지 않는 것이다.** 중력을 극복하고 지표면과 아주 가까운 곳에서 지구 주위를 계속 돌려면 초속 7.9km의 속도로 날아야 한다. 정말 엄청난 속도다.

우리나라는 2010년 6월에 최초의 정지궤도 위성인 천리안을 성공적으로 발사해 현재 운용중이다.

초속 7.9km 이상으로 날면 위성은 떨어지지 않는다

▶ 위성은 행성 주위를 돈다 [그림1]

인공위성은 지구 주위를
돈다. 항상 같은 곳을 관
측하는 정지위성은 자전
과 똑같은 속도로 돌고
있다.

정지위성은 항상 같
은 장소 위에 있다.

지구와 똑같은 속도

▶ 공은 중력을 극복하면 떨어지지 않는다 [그림2]

중력 때문에 떨어진다.

초속7.9km 이상

중력을 극복해서
떨어지지 않는다.

공기 저항이 없다는 전제로
초속 7.9km 이상의 속도로
공을 던졌다. 그러면 지구의
중력을 극복해 공은 지구 주
위를 계속 빙빙 돈다.

05 어떻게 비행기는 하늘을 날 수 있을까?

그렇구나!

날개의 형태가 기압 차를 만들어낸 결과
양력이 발생해 비행기를 들어 올리기 때문이다!

비행기는 바로 날개 덕분에 날 수 있다. 이 날개로 인해 생기는 **양력**이 비행기를 떨어뜨리려는 **중력**보다 더 크기 때문에 하늘을 날 수 있는 것이다.

비행기 날개의 단면은 유선형이며, 비행기가 오른쪽으로 날 때는 오른쪽에서 오는 공기의 흐름을 받는다. 공기는 날개 모양 때문에 위아래로 나뉘어 흐르는데, 이때 날개 위쪽과 아래쪽 공기의 속도가 서로 달라진다[그림1].

공기의 속도가 빨라지면 주위의 기압이 떨어지고 **물체는 압력이 높은 곳에서 낮은 곳으로 밀리는 성질**이 있다. 압력이 높은 날개 아래쪽에서 압력이 낮은 날개 위쪽으로 미는 힘이 작용하는데, 이것이 비행기를 띄우는 양력이다. 무게가 총 360톤이나 되는 대형 여객기도 날개의 넓이 $1cm^2$당 70g의 양력을 받으면 하늘을 날 수 있다. 좌우로 각각 약 $260m^2$의 날개가 달려 있기 때문이다.

양력은 종이테이프에 숨을 부는 간단한 실험으로도 확인할 수 있다[그림2]. 입으로 바람을 불면 위쪽의 공기 흐름이 빨라지면서 압력이 떨어지므로, 상대적으로 압력이 높아진 아래쪽 공기가 종이테이프를 위로 들어올린다. 양력이 발생한 것이다.

비행기는 기압 차에 의한 양력으로 난다

▶ 비행기 날개의 원리 [그림1]

날개의 위아래로 흐르는 공기의 속도 차로 발생한 양력이 비행기를 들어 올린다.

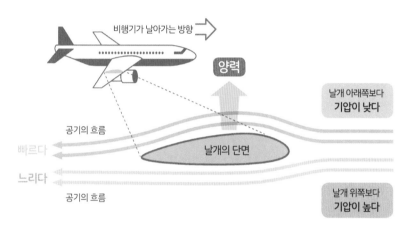

비행기가 날아가는 방향

양력

날개 아래쪽보다 **기압이 낮다**

공기의 흐름

빠르다

느리다

날개의 단면

날개 위쪽보다 **기압이 높다**

공기의 흐름

▶ 숨을 불어서 양력 확인하기 [그림2]

입 아래에 종이테이프를 대고 숨을 불면, 테이프 위쪽의 공기가 빠르게 움직이면서 압력이 낮아진다. 그러면 아래쪽 공기의 압력 때문에 종이테이프가 위로 떠오른다.

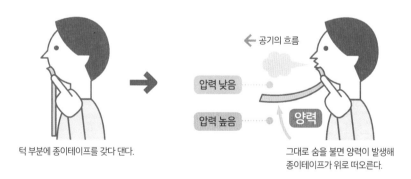

공기의 흐름

압력 낮음

압력 높음

양력

턱 부분에 종이테이프를 갖다 댄다.

그대로 숨을 불면 양력이 발생해 종이테이프가 위로 떠오른다.

06 어떻게 쇳덩어리인 배가 물 위에 뜰 수 있을까?

**물에서 받는 부력 > 배의 무게가 되도록
무게와 크기를 조절했기 때문이다!**

작은 쇠구슬과 커다란 배는 둘 다 철이다. 그런데 어째서 쇠구슬은 물에 가라앉고 배는 물에 뜨는 것일까? 이는 **배의 무게보다 부력이 더 크기 때문이다.**

물속에 있는 물체는 물에 의해 위 방향의 힘을 받는데, 이 힘을 부력이라고 한다. 물체의 무게보다 부력이 더 크면 물에 뜨고 그렇지 않으면 가라앉는다. 물체가 물에서 받는 부력의 크기는 다음과 같다.

부력 = 물에 잠긴 부분 부피만큼의 물의 무게

무게 8g중, 부피 1cm³ 쇠구슬은 물에 가라앉는다[그림1]. 구슬 부피만큼의 물무게는 1g중이므로, 구슬은 물에서 1g중만큼 부력을 받는다. 하지만 쇠구슬 무게는 이보다 무거우므로 결국 가라앉는 것이다. 반면에 부피 1cm³, 무게 0.7g중 목재는 부력이 1g중으로 무게보다 크므로 물 위에 뜰 수 있다.

이제 배를 보자. 배는 쇠구슬과 달리 속이 꽉 차 있지 않으며, 오히려 내부에 공간이 많다. 그리고 **배의 '물에 가라앉은 부분'은 '그 부피만큼의 물의 무게'에 해당하는 힘을 부력으로 받는다.** 즉, 배는 물에서 받는 부력이 자신의 무게보다 커지도록 설계되어 있기 때문에 물에 뜨는 것이다[그림2].

물속의 물체는 물에서 부력을 받는다

▶ 쇠구슬이 물에 가라앉는 이유 [그림1]

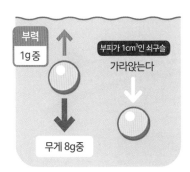

부피가 1cm³인 쇠구슬

가라앉는다

부력
1g중

무게 8g중

부피가 1cm³인 쇠구슬의 무게는 8g중이다. 물에서 받는 부력은 부력은 1g중으로, 자신의 무게보다 작으므로 물에 가라앉는다.

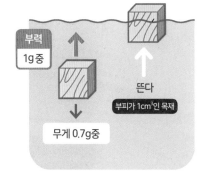

부력
1g중

뜬다

부피가 1cm³인 목재

무게 0.7g중

부피가 1cm³인 목재의 무게는 0.7g중이다. 물에서 받는 부력은 1g중으로, 자신의 무게보다 크므로 물에 뜬다.

▶ 배가 물에 뜨는 이유 [그림2]

배는 물에서 받는 부력이 자신의 무게보다 크도록 설계되어 있다.

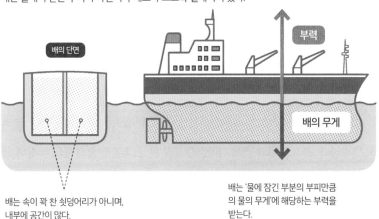

배의 단면

부력

배의 무게

배는 속이 꽉 찬 쇳덩어리가 아니며, 내부에 공간이 많다.

배는 '물에 잠긴 부분의 부피만큼의 물의 무게'에 해당하는 부력을 받는다.

세계 최대 크기의 배는 얼마나 크게 만들 수 있을까?

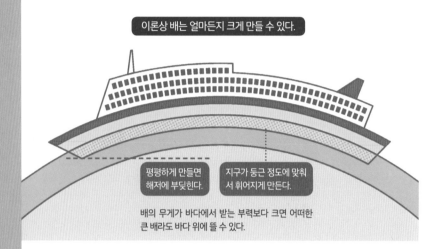

이론상 배는 얼마든지 크게 만들 수 있다.

평평하게 만들면 해저에 부딪힌다.

지구가 둥근 정도에 맞춰서 휘어지게 만든다.

배의 무게가 바다에서 받는 부력보다 크면 어떠한 큰 배라도 바다 위에 뜰 수 있다.

배의 크기에는 한계가 없다. 내부 공간을 넓게 설계해, 배의 무게보다 배가 밀어 낸 물의 무게가 더 크게 만들면 된다(➡26쪽). 이렇게 하면 아무리 큰 배라도 물에 뜬다.

단, 주의할 점이 있다. 지구는 둥글게 생겼으므로 배 밑바닥도 둥글게 만들어 야 한다. 만약 배 밑바닥이 평평하면 가운데 부분이 해저에 부딪히고 말 것이다 [위 그림]. 지구에 맞춰서 배 밑바닥을 둥글게 만든다면, 지구를 한 바퀴 도는 배 도 만들 수 있을 것이다. 하지만 실제로는 그렇게 큰 배는 존재하지 않는다. 왜 그 럴까?

첫 번째 이유는 **부서지기 쉽기 때문이다.** 예를 들어 일본 근해에서 치는 파도

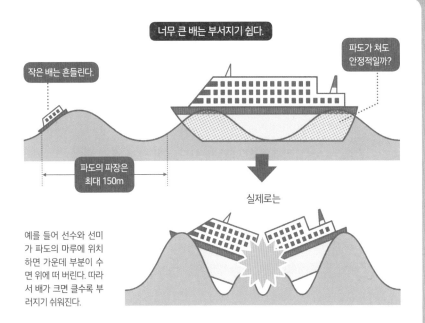

너무 큰 배는 부서지기 쉽다.

작은 배는 흔들린다.

파도가 쳐도 안정적일까?

파도의 파장은 최대 150m

실제로는

예를 들어 선수와 선미가 파도의 마루에 위치하면 가운데 부분이 수면 위에 떠 버린다. 따라서 배가 크면 클수록 부러지기 쉬워진다.

의 파장은 최대 150m 정도라고 한다. 자연 속 파도는 형태가 불규칙하므로, 위 그림처럼 선체가 뜨면서 뚝 부러질 수도 있다.

두 번째 이유는 배가 너무 크면 **보수하기 어렵기 때문**이다. 예를 들어 배 밑바닥은 조개가 잔뜩 달라붙어도 쉽게 청소할 수 없다. 그렇다고 이를 방치하면 배의 속도가 점점 떨어지며, 결국은 가라앉고 말 것이다. 또한 지나치게 크다는 점 때문에 생기는 불편함도 있다. 이를테면 태평양을 잇는 배가 있다 해도, 결국 배 위에서 자동차 등을 타고 이동해야 할 것이다.

세계 최대의 배는 현재는 운항하지는 않지만, **전체 길이가 약 458m인 노르웨이의 유조선**이다. 이 정도가 실제로 운용할 수 있는 배 크기의 한계일지도 모른다.

07 스키점프 선수는 높은 곳에서 떨어져도 왜 다치지 않을까?

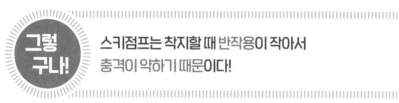

그렇구나! 스키점프는 착지할 때 반작용이 작아서
충격이 약하기 때문이다!

스키점프에서 도약 지점의 높이는 노멀힐에서 66m, 라지힐에서 86m다. 착지점
기준인 K 포인트와 도약 지점의 고도차는 약 40~60m 정도다. 이렇게 높은 곳에
서 떨어지는데도 다치지 않는다. 이는 **착지면이 경사이기 때문이다.**

[그림1]을 보면서 착지할 때 받는 충격을 생각해보자. 만약 바로 위에서 떨어
져 수평면에 착지했다면, 사람이 착지면에 가한 힘(a)만큼 사람도 착지면에서 힘
(a')을 받으므로 큰 충격을 받는다. 여기서 착지면에 가한 힘을 **작용**, 착지면에서
받은 힘을 **반작용**이라고 하며 **작용과 반작용의 크기는 항상 같다.**

비스듬히 날아와 착지한 경우도 살펴보자. 이때 충격(a)은 착지면을 수직으로
누르는 힘(b)과 앞으로 나아가는 힘(c)으로 분해할 수 있다. b의 반작용인 b'가 사
람이 착지면에서 받는 힘인데, a가 b와 c로 분해되었으니 당연히 b'는 a보다 크
기가 작다.

스키점프 착지면 자체가 경사면이다. 경사면에 비스듬히 날아와서 착지하면
a는 수직으로 누르는 힘(b)과 앞으로 나아가는 힘(c)으로 분해되며, 경사면 반작
용(b')은 더 작은 값이 된다[그림2]. 스키점프 선수가 다치지 않는 이유다.

반작용이 분산되어 충격이 작아진다

▶ 착지면에 가한 힘만큼 되돌려 받는다 [그림1]

바로 위에서 수평면에 떨어졌을 때는 충격이 강하지만, 비스듬히 날아와서 떨어지면 충격이 약해진다.

바로 위에서

충격
대

a′

수평면

a

비스듬히

충격
중

b′

수평면

b   a   c

▶ 스키점프의 착지 [그림2]

40도 각도의 경사면에 50도 각도로 떨어졌다면, 10도 각도로 떨어진 것과 같다.

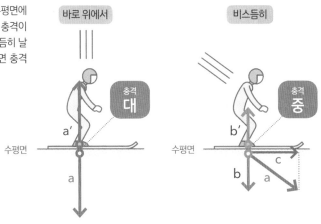

설면

50°   10°

충격
소

b′

b   a   c

40°

이때 시속 100km로 착지했다면

「sin10°≒0.17」 이다.

그러므로 약 1.1m 높이에서 떨어졌을 때와 같은 시속 17km로 착지한 충격을 받는다.

08 왜 물은 컵에서 흘러넘치지 않고 볼록 솟아오를까?

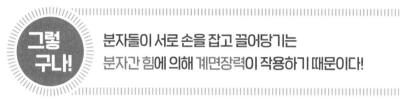

그렇구나! 분자들이 서로 손을 잡고 끌어당기는 분자간 힘에 의해 계면장력이 작용하기 때문이다!

컵에 물을 넘치기 직전까지 따르면 위로 볼록하게 솟아오른 것을 본 적이 있을 것이다. 왜 그럴까? 물과 같은 액체는 자유롭게 형태를 바꿀 수 있지만, 탁자 위에 쏟아진 물은 물방울의 형태로 어느 정도 뭉쳐 있다. 즉 **물에는 서로 뭉치려는 성질**이 있다. 물 분자들이 서로를 끌어당기는 분자간 힘을 가지고 있기 때문이다. 분자간 힘은 물 분자 사이뿐만 아니라 물과 컵 사이, 혹은 물과 공기 사이에서도 작용한다. 분자간 힘으로 인해 표면의 넓이를 되도록 작게 만들려는 방향으로 힘이 작용하는데, 바로 **계면장력**이다. 액체일 때는 **표면장력**이라고 한다.

물과 컵 이야기로 돌아가보자. 컵에 가득 담긴 물에는 공기가 끌어당기는 힘과 컵이 끌어당기는 힘이 동시에 작용한다. 공기의 표면장력은 아주 강하지만, 컵의 계면장력과 평형을 이루고 있다면 물은 흘러넘치지 않는다[그림1]. 계면장력 사례를 보자. 연잎은 물에 대한 계면장력이 강하다. 연잎 표면에 미세한 돌기가 있어서 물을 튕겨내고 물방울을 만든다. 이 돌기 때문에 물방울과 접촉하는 각도(**접촉각**)가 크다 보니 계면장력이 강해 물을 잘 튕겨낼 수 있다[그림2].

미세한 돌기가 계면장력을 강하게 만든다

▶ 물의 계면장력 [그림1]

물은 컵에서 조금 볼록 솟아올라도 흘러넘치지 않는다. 이는 물의 표면에서 물 분자끼리 서로 잡아당기는 힘이 작용하기 때문이다.

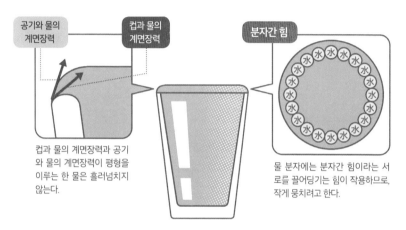

공기와 물의 계면장력

컵과 물의 계면장력

컵과 물의 계면장력과 공기와 물의 계면장력이 평형을 이루는 한 물은 흘러넘치지 않는다.

분자간 힘

물 분자에는 분자간 힘이라는 서로를 끌어당기는 힘이 작용하므로, 작게 뭉치려고 한다.

▶ 접촉각에 관하여 [그림2]

유리와 물은 접촉각이 작으므로 계면장력이 약하다. 반면에 연잎과 물은 접촉각이 크므로 계면장력이 강하다.

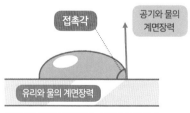

접촉각

공기와 물의 계면장력

유리와 물의 계면장력

유리판에 물을 떨어뜨리면, 유리와 물은 접촉각이 작으므로 물이 뭉치지 않고 퍼져나간다.

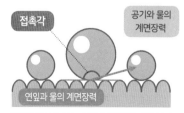

접촉각

공기와 물의 계면장력

연잎과 물의 계면장력

미세한 돌기가 있는 연잎과 물방울은 접촉각이 크므로 표면장력 때문에 물방울이 동그래진다.

사람이 물 위에서
바실리스크처럼 달릴 수 있을까?

소금쟁이는 왜 물에 가라앉지 않을까?

소금쟁이는 몸무게가 0.1g 이하로 가벼우며, 다리 끝에 미세한 털이 나 있어서 물을 잘 튕겨낸다.

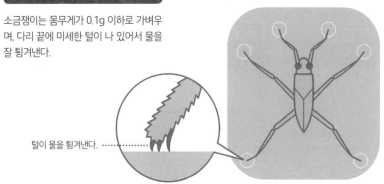

······· 털이 물을 튕겨낸다.

사람이 물 위에서 달릴 방법은 없을까?

소금쟁이에 관해 한번 생각해보자. 소금쟁이는 물에 가라앉지 않고 수면 위에서 자유롭게 움직인다. 이는 소금쟁이 다리 끝에 많이 나 있는 미세한 털 덕분에 **물의 표면장력(➡32쪽)**이 깨지지 않기 때문이다. 그래서 소금쟁이의 다리에는 연잎처럼 물을 튕겨내는 성질이 있다.

그럼 사람이 **발수가공한 운동화**를 신으면 어떨까? 아쉽게도 사람은 아래 방향으로 작용하는 중력이 물의 표면장력보다 훨씬 더 크기 때문에, 표면장력 장벽을 뚫고 물에 빠지고 말 것이다.

바실리스크라는 도마뱀을 한 번 보자. 바실리스크는 다리로 수면을 차면서 물 위를 빠르게 달린다. 이때 긴 발가락 사이의 피부가 펴져서 발아래에 **에어포켓**이

물 위를 달리는 도마뱀

바실리스크의 몸은 길이가 70cm(꼬리포함), 무게는 약 200g이다. 약 시속 5.4km로 물 위를 달린다.

수면을 발로 차는 순간 발바닥이 넓어지면서 에어포켓이 생겨 가라앉지 않는다.

에어포켓

사람이 물 위에서 달릴 수 있을까?

바실리스크처럼 달리려면, 사람은 시속 100km로 달려야 한다!

생기므로, 몸이 물에 가라앉는 데 시간이 걸린다. 그 사이에 재빨리 다음 발을 내디딤으로써 수면을 4m 이상 달려 나갈 수 있다.

그럼 사람도 바실리스크처럼 달릴 수 있을까? 우선 바실리스크의 뒷다리처럼 생긴 30cm 정도의 물갈퀴가 달린 신발을 신고 달려야 한다. 또한 바실리스크는 꼬리까지 포함한 몸의 길이가 70cm, 몸무게는 최대 200g, 속도는 약 시속 5.4km다. 이를 성인 남성의 키와 몸무게를 기준으로 환산하면 약 **시속 104km**에 해당한다. 남자 육상 경기 100m 달리기 세계 기록은 9초58(약 시속 37.6km)이므로, **그보다 2.8배 정도 더 빠르게 달리면 된다.**

09 어떻게 노를 저어야 빠르게 나아갈 수 있을까?

보트는 지레의 원리로 나아간다. 받침점과 작용점을 멀리 둔 다음에 온 힘을 다해 노를 저으면 된다!

보트를 탔을 때 빠르게 노를 저으려면 먼저 **지레의 원리**를 알아야 한다[그림1]. 지레는 막대를 이용해 작은 힘으로 큰 물체를 움직이는 장치인데, 일반적인 지레를 **1종 지레**라고 한다. 보트에 달린 노는 받침점과 작용점의 위치가 반대인 **2종 지레**다. 노를 젓는 본인도 움직이다 보니 착각하기 쉬운데, 멈춰 있는 부분은 노의 끝부분이므로 그곳이 받침점이 된다.

작용점과 받침점 거리가 가깝고 받침점과 힘점 거리가 멀면, 지레의 원리에 따라 작용점에 있는 물체를 쉽게 움직일 수 있다. 편하게 노를 젓고 싶다면 힘점과 받침점의 거리가 멀수록 좋다. 그러면 작용점과 받침점이 너무 가까워 한 번 노를 저어서 나아갈 수 있는 거리가 짧고 속도도 아주 느리다.

반대로 노를 한 번 저었을 때 보트가 많이 움직이는, 편하지 않게 노를 젓는 걸 생각해볼 수 있다. **지레의 원리를 역이용해** 힘점과 받침점을 가깝게, 받침점과 작용점을 멀게 배치하는 것이다. 노를 저을 때마다 큰 힘이 필요하지만, 그만큼 긴 거리를 전진할 수 있다[그림2]. 보트 경기에서 노를 젓는 선수들이 몸이 크고 상반신이 탄탄한 것은 빠른 속도를 위해 매일 근력 훈련을 하기 때문이다.

보트는 지레의 원리로 움직인다

▶ 보트의 노는 2종 지레다 [그림1]

힘점, 받침점, 작용점의 위치에 따라 지레의 효과가 다르다.

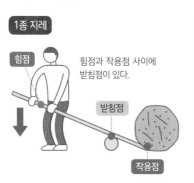

1종 지레

힘점과 작용점 사이에 받침점이 있다.

힘점 / 받침점 / 작용점

2종 지레

힘점과 받침점 사이에 작용점이 있다.

힘점 / 작용점 / 받침점

▶ 힘점, 받침점, 작용점의 위치와 보트의 속도 [그림2]

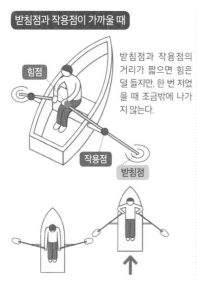

받침점과 작용점이 가까울 때

받침점과 작용점의 거리가 짧으면 힘은 덜 들지만, 한 번 저었을 때 조금밖에 나가지 않는다.

힘점 / 작용점 / 받침점

받침점과 작용점이 멀 때

받침점과 작용점의 거리가 멀면 힘은 많이 들지만, 한 번 저었을 때 많이 움직일 수 있다.

힘점 / 작용점 / 받침점

한 번 저어서 많이 움직인다.

10 강 가운데 부분의 흐름이 가장 빠른 이유가 뭘까?

 그렇구나! 물의 점성이라는 성질 때문이다. 장소에 따라 마찰이 달라서 가운데로 갈수록 빨리 흐른다!

강에 나무 조각 등을 던져 보면 가운데 부분에서는 빠르게 떠내려가지만, 육지와 가까운 곳에서는 천천히 움직이는 것을 볼 수 있다. 똑같은 강인데도 장소에 따라 물이 흐르는 속도가 다른 이유가 뭘까? 우선 **물의 분자 구조**에 관해 생각해보자. 물 분자 화학식은 H_2O다. 액체인 H_2O 분자는 자유롭게 운동할 수 있으므로, 주변 환경에 맞춰 형태를 바꿀 수 있다[그림2].

그런데 완전히 자유롭냐고 하면, 꼭 그렇지만도 않다. H_2O 분자는 **분자간 힘**이라는 약한 힘으로 서로 끌어당기고 있어서, 한 분자가 움직이면 이웃한 분자도 따라 움직인다. 이를 **점성**이라고 한다. **점성이란 끈끈한 성질**로, 물처럼 별로 끈적이지 않는 물질에도 점성이 있다. 점성 때문에 강바닥이나 강가와 마찰이 생겨서 물이 흐르는 속도가 느려지는 것이다.

강은 강가, 다시 말해 주변 부분으로 갈수록 깊이가 얕아진다. 주변 부분에서는 강가와 강바닥과의 **마찰** 때문에 물이 흐르는 속도가 느려진다. 속도가 느린 부분과 인접한 곳의 흐름도 함께 느려진다. 그래서 강 주변 부분에서는 물이 천천히 흐르지만, 영향이 적은 가운데 부분은 빠르게 흐르는 것이다.

마찰은 깊이가 얕을수록 크다

▶ 가운데 부분은 빠르고 주변 부분은 느리다 [그림1]

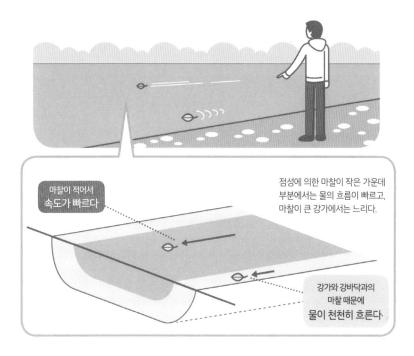

마찰이 적어서
속도가 빠르다

점성에 의한 마찰이 작은 가운데
부분에서는 물의 흐름이 빠르고,
마찰이 큰 강가에서는 느리다.

강가와 강바닥과의
마찰 때문에
물이 천천히 흐른다.

▶ 물 분자는 이웃한 분자에 끌린다 [그림2]

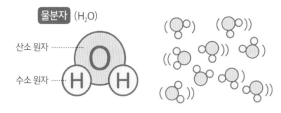

물분자 (H₂O)

산소 원자

수소 원자

액체에서는 분자가 자유롭게 움직인다. 하지만 서로를 끌어당기는 분자간 힘 때문에 한 분자가 움직이면 이웃에 있는 분자도 따라 움직이는 점성이라는 성질이 있다.

11 야구에서 던지는 변화구는 왜 꺾일까?

 회전으로 인한 공기의 압력 차 때문에 생기는 매그너스 효과로 공의 움직임이 변한다!

야구의 투수는 슬라이더, 스크루볼, 커브 등과 같은 상하좌우로 꺾이는 다양한 변화구를 던진다. 변화구는 대체 왜 꺾이는 것일까?

투수가 던진 공에는 비행기가 날 때도 작용하는 양력이라는 힘이 작용한다 (➡ 24쪽). 예를 들어 슬라이더라는 변화구는 손가락과 손목으로 공에 수평 방향의 회전을 건다. 그러면 공의 왼쪽 면에서 흐르는 공기의 속도가 오른쪽 면보다 빨라지므로, 공은 오른쪽에서 왼쪽을 향해 양력을 받아 왼쪽으로 꺾인다[그림1].

이렇게 공기 중을 회전하면서 나아가는 물체가 **진행 방향과 수직한 방향으로 힘을 받는 현상**을 '매그너스 효과'라고 한다. 투수가 던지는 다양한 변화구는 이 매그너스 효과를 이용해 공의 움직임에 변화를 준 것이다.

공의 회전수가 많을수록 매그너스 효과도 커지므로 공의 움직임이 심하게 변화한다. 반대로 공에 회전이 전혀 없는, 이른바 너클볼에서는 매그너스 효과가 발생하지 않는다. 대신 공 뒤쪽의 **공기가 소용돌이를 일으켜** 움직임이 불규칙하게 변한다[그림2].

매그너스 효과는 양력 때문에 생긴다

▶ 야구공이 꺾이는 원리 [그림1]

던졌을 때 회전을 걸면 양력이 발생해 공이 꺾인다.

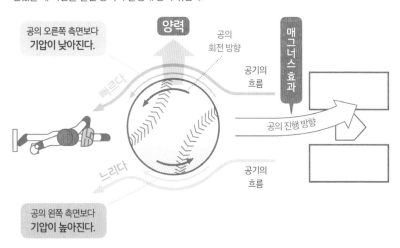

공의 오른쪽 측면보다 **기압이 낮아진다.**

양력

공의 회전 방향

공기의 흐름

매그너스 효과

빠르다

공의 진행 방향

느리다

공기의 흐름

공의 왼쪽 측면보다 **기압이 높아진다.**

▶ 회전이 없는 공의 움직임은 불규칙하게 변화한다 [그림2]

회전이 없는 공의 뒤쪽에는 불규칙한 공기의 소용돌이가 생긴다. 이 소용돌이 때문에 공은 흔들리면서 예측할 수 없는 경로로 나아간다.

불규칙한 소용돌이

회전이 없으면 매그너스 효과는 발생하지 않으며,
공 뒤쪽에 불규칙한 공기의 소용돌이가 발생한다.

12 아치 모양의 다리는 왜 무너지지 않을까?

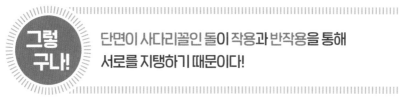

그렇구나! 단면이 사다리꼴인 돌이 작용과 반작용을 통해 서로를 지탱하기 때문이다!

오래전에 만들어진 다리임에도 남아 있는 경우가 있다. 그중에서 아치 모양의 다리는 딱히 지지하는 부분이 없는 것 같은데도 1000년 이상이나 무너지지 않고 버티고 있다[그림1]. 아치를 구성하는 아치돌을 하나하나 유심히 살펴보면, 단면이 사다리꼴이다. 이게 핵심이다. 돌은 중력 때문에 아래로 떨어지려 하지만, 양옆에 있는 돌도 사다리꼴이므로 떨어지려는 힘이 분산된다. 떨어지려는 힘, 다시 말해 **중력이 양옆의 돌을 미는 힘 A와 B로 분해되는 것이다**[그림2].

미는 일을 물리 용어로 **작용**이라고 하며, 반대로 밀리는 일을 **반작용**이라고 한다. 아치 모양 돌다리에서는 하나의 돌이 양옆의 돌을 밀면서 반작용을 받는다. 이 반작용으로 자신의 무게를 지탱하는 것이다. 각각의 돌이 양옆의 돌을 밀고 있으며, 최종적으로는 양 끝의 땅바닥이 돌다리를 지탱한다. 돌은 반작용에 의한 압축에 강하므로 쉽게 변형되지 않는다. 아치 모양 구조에 의해 돌의 무게는 양 끝으로 전달되며, 돌 자체의 무게로 서로를 지탱하면서 안정된 상태를 유지한다. 아치 모양은 현대에서도 사용되는데, 터널이 그렇다. 터널도 다리와 마찬가지로 위에서 받는 무게를 양옆으로 전달하므로 무너지지 않는다.

▶ 1000년 동안 무너지지 않은 아치형 다리 [그림1]

아치형 돌다리는 딱히 지지
하는 부분이 없는 것 같은데
도 무너지지 않는다.

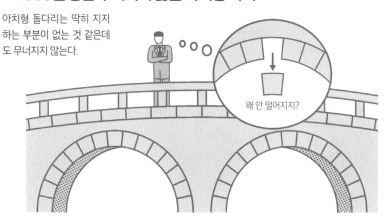

왜 안 떨어지지?

▶ 사다리꼴 모양 돌 사이의 작용 반작용 [그림2]

돌은 사다리꼴 모양이며, 양옆의 돌을 밀면서 받는 반작용으로 무게를 지탱한다. 아치형 구조로 무
게가 분산되어, 최종적으로는 양 끝으로 전달된다.

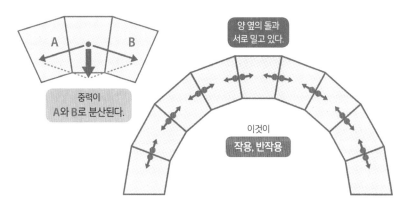

A   B

중력이
A와 B로 분산된다.

양 옆의 돌과
서로 밀고 있다.

이것이
작용, 반작용

일본과 미국을 잇는 아주 긴 다리를 세울 수 있을까?

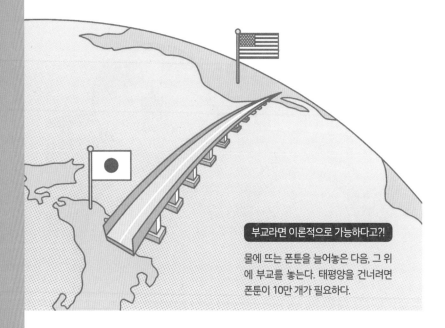

부교라면 이론적으로 가능하다고?!

물에 뜨는 폰툰을 늘어놓은 다음, 그 위에 부교를 놓는다. 태평양을 건너려면 폰툰이 10만 개가 필요하다.

일본에서 미국까지 태평양을 넘어 다리를 놓을 수 있을까? **거리는 약 8,800km다.** 시속 100km로 쉴 새 없이 달려도 3일 16시간이나 걸리겠지만, 있으면 편리할 것 같다.

일반적으로 긴 다리를 만들 때는 **사장교**나 **현수교**로 만든다[오른쪽 그림]. 높은 탑을 세운 다음, 탑에서 내린 케이블로 다리의 무게를 지탱하는 방식이다. 세계에서 가장 긴 해상교는 홍콩과 중국 광둥성 주하이시와 마카오를 잇는 강주아오 대교인데, 이것도 사장교다.

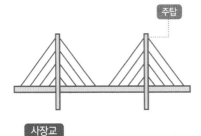

사장교

주탑에서 비스듬히 뻗어 나온 케이블
로 무게를 지탱하는 형태의 다리이다.

현수교

메인 케이블에서 늘어뜨린 현수재로
무게를 지탱하는 형태의 다리이다.

사장교를 만들 때는 축이 되는 교각을 세워야 하는데, 일본과 미국 사이에 있는 태평양은 깊이가 수천 미터나 된다. 그래서 실제로 교각을 건설하려면 막대한 돈과 시간이 필요하다. 이런 이유로 해협을 가로지르는 길을 만들 때는 다리보다 해저 터널을 건설하는 경우가 많다.

그럼 **부교**로 만들면 어떨까? 부교는 폰툰이라고 불리는 철근 콘크리트 등으로 이루어진 배를 많이 늘어놓은 다음, 그 위에 다리를 놓은 것이다. 세계에서 가장 긴 부교는 미국 워싱턴호를 동서로 가로지르는 SR 520이다. 축구 경기장만 한 넓이의 폰툰을 23개 연결해 만들어 길이가 2,350m나 되는 다리다. 이런 식으로 **10만 수천 개의 폰툰을 연결하면 태평양을 가로지르는 다리를 만들 수 있다.**

다만 이론상만 가능하다. 현실적으로는 거센 바람과 파도 때문에 건설이 어렵다. 설령 완성한다 해도 험난한 환경 속에서 다리를 유지 보수하기가 거의 불가능하다. 태평양을 건널 때는 역시 비행기나 배를 타는 편이 좋겠다.

13 로켓은 어떻게 우주까지 날아가는 것일까?

그렇구나! 작용 반작용의 법칙을 이용해 날아오른 다음, 선체를 가볍게 만들어서 빠르게 날아간다!

로켓은 어떻게 아득히 먼 우주까지 날아가는 것일까?

로켓은 가스를 격렬하게 분사한 반동을 이용해 날아오른다. 반동은 **작용**과 **반작용**(➡30쪽)으로 설명할 수 있다.

로켓은 후방을 향해 기세 좋게 가스를 분출하여(작용), 이와 크기는 같고 방향은 반대인 힘을 받아(반작용) 추진력으로 삼는다[48쪽 그림2]. 일본 우주항공연구개발기구(JAXA)의 로켓인 H-IIB의 질량은 약 531톤인데, 이를 지구의 인력을 탈출할 수 있는 속도로 날리면 된다. 가장 상상하기 쉬운 예시는 풍선이다. 풍선을 분 다음 손을 놓으면 공기를 내뿜으면서 날아가는데, 로켓이 나는 것도 똑같은 원리다.

로켓의 **추진력**에 관해 알아보자. 로켓 발사 영상을 보면 도중에 뭔가가 선체에서 분리되는 것을 볼 수 있는데, 이는 대량의 **연료**와 **산화제**를 실은 연료탱크다[49쪽 그림4]. 로켓은 거대한 추진력을 얻기 위해 대량의 연료를 순간적으로 연소시킨다. 그러고 나서 쓸모없어진 연료탱크를 버리고 날아가는 것이다.

물체는 가벼울수록 속도를 내기 쉽다. 이는 **운동량 보존 법칙**으로 설명할 수

▶ 운동량 보존 법칙 [그림1]

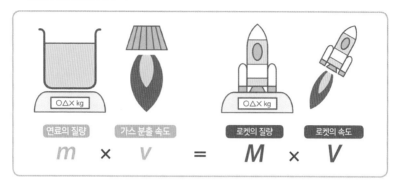

있다. 운동량은 질량 × 속도로 나타낼 수 있으며, 가스를 분출했을 때의 운동량에 관하여 다음과 같은 관계가 성립한다.

등호(=)의 좌우는 작용 반작용에 해당하므로 크기가 같다. M이 커지면 V가 작아지며, M가 작아지면 V가 커진다는 사실도 이 식을 통해 알 수 있다. 즉 로켓은 가스 분출을 통해 얻은 운동량을 이용해 날아오르며, 로켓 자체의 질량을 줄임으로써 로켓의 속도를 올릴 수 있다. 로켓이 올바른 방향을 향해 **초속 7.9km 이상의 속도로 날아가면, 지표면 근처에서 지구 주위를 도는 주회 궤도에 오를 수 있다**(➡22쪽). 초속 11.2km 이상의 속도라면 지구의 인력을 뿌리치고 궤도에서 벗어날 수 있다.

그런데 로켓 발사 장면을 잘 보면, 똑바로 위를 향하지 않고 옆으로 날아가는 것처럼 보인다. 이는 로켓이 지구가 자전하는 방향인 동쪽을 향해 날아가기 때문이다. 이렇게 하면 지구 자전 속도 도움을 받아 더 빠르게 날아갈 수 있다[48쪽 그림3].

로켓을 날리는 힘은 작용 반작용

▶ 가스를 뿜어내서 추진력을 얻는다 [그림2]

풍선과 마찬가지로 가스를 뿜어내는 힘(작용)으로 추진력(반작용)을 얻어서 로켓은 날아간다.

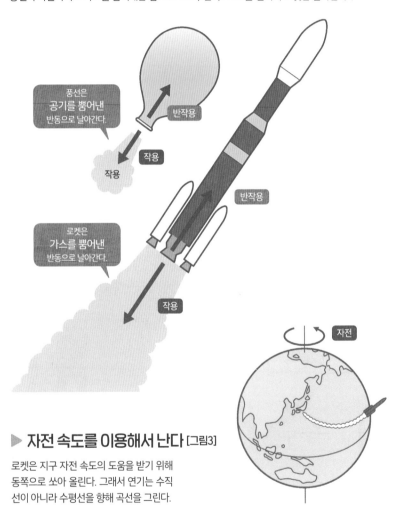

풍선은
공기를 뿜어낸
반동으로 날아간다.

반작용

작용

작용

반작용

로켓은
가스를 뿜어낸
반동으로 날아간다.

작용

자전

▶ 자전 속도를 이용해서 난다 [그림3]

로켓은 지구 자전 속도의 도움을 받기 위해
동쪽으로 쏘아 올린다. 그래서 연기는 수직
선이 아니라 수평선을 향해 곡선을 그린다.

다 쓴 연료통을 버리고 가속한다

▶ 로켓의 내부는 대부분 연료와 산화제 [그림4]

로켓은 대량의 연료와 산소(산화제)를 실은 채 출발한다. 연료와 산화제를 다 쓰면 해당 부분을 분리한다. 그러면 가벼워져서 속도가 빨라진다.

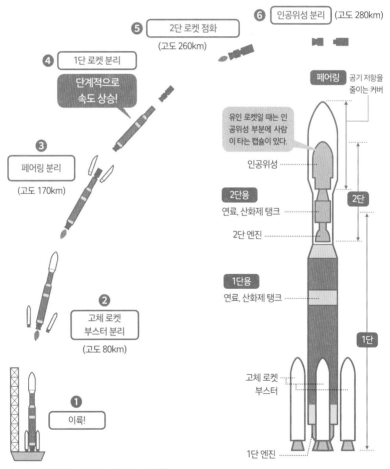

❻ 인공위성 분리 (고도 280km)

❺ 2단 로켓 점화
(고도 260km)

❹ 1단 로켓 분리

단계적으로
속도 상승!

❸ 페어링 분리
(고도 170km)

❷ 고체 로켓
부스터 분리
(고도 80km)

❶ 이륙!

페어링 : 공기 저항을 줄이는 커버

유인 로켓일 때는 인공위성 부분에 사람이 타는 캡슐이 있다.

인공위성

2단용
연료, 산화제 탱크

2단 엔진

2단

1단용
연료, 산화제 탱크

1단

고체 로켓
부스터

1단 엔진

※ JAXA의 로켓 발사 시퀀스를 참고해 제작한 그림이다.

14 헬리콥터는 도대체 어떻게 하늘을 나는 걸까?

헬리콥터는 달린 프로펠러로 양력과 반작용을 얻으며,
뒤에 달린 프로펠러로 기체를 안정시킨다.

하늘을 나는 기계라고 하면 비행기 이외의 헬리콥터가 떠오를 것이다. 비행기와는 전혀 다르게 생겼는데, 대체 어떤 방법으로 하늘을 나는 것일까?

헬리콥터는 위에 달린 회전 날개(프로펠러)를 돌려서 날아오르는데, 이 부분을 **메인 로터**라고 한다. 메인 로터 단면은 비행기 날개와 비슷하다. 위쪽이 볼록하게 나와 있어서 공기의 흐름이 변해 위쪽 기압이 아래쪽에 비해 낮아진다. 이를 통해 **양력**(➡24쪽)을 얻을 뿐만 아니라, 연날리기처럼 **반작용**도 이용해 기체를 위로 띄운다. 만약 메인 로터로만 날려고 하면, 헬리콥터는 메인 로터가 회전하는 방향과 반대 방향으로 빙글빙글 돌아버릴 것이다. 그래서 뒤쪽에 달린 작은 날개인 **테일 로터**가 필요하다[그림1].

테일 로터는 메인 로터와 다른 방향으로 회전한다. 이를 통해 **메인 로터의 회전하는 힘을 상쇄해 기체를 안정시켜준다.** 참고로 테일 로터 대신 뒤쪽에서 공기를 뿜어내 기체를 안정시키는 헬리콥터도 있다.

헬리콥터는 메인 로터와 기체를 함께 기울임으로써 원하는 방향으로 날 수 있다[그림2]. 또한 공중에서 계속 같은 정소에 머무르는 호버링도 할 수 있다.

2개의 프로펠러를 이용해 하늘을 난다

▶ 프로펠러는 2개 필요하다 [그림1]

메인 로터의 회전으로 양력과 반작용을 얻는다. 기체의 자세를 안정시키기 위해 테일 로터의 힘도 이용한다.

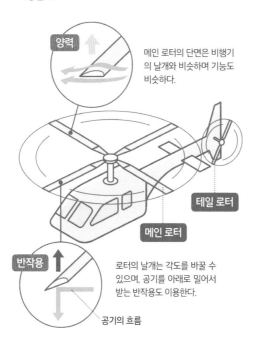

메인 로터의 단면은 비행기의 날개와 비슷하며 기능도 비슷하다.

로터의 날개는 각도를 바꿀 수 있으며, 공기를 아래로 밀어서 받는 반작용도 이용한다.

공기의 흐름

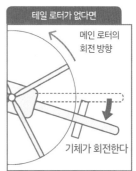

테일 로터가 없다면

메인 로터의 회전 방향

기체가 회전한다

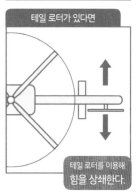

테일 로터가 있다면

테일 로터를 이용해 힘을 상쇄한다.

▶ 방향 전환을 할 때는 기체 전체를 기울인다 [그림2]

기체와 함께 메인 로터를 기울여서 전후좌우로 이동할 수 있다.

전진

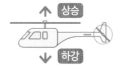

상승 / 하강

후퇴

알쏭달쏭!
공상과학 특집 ④

내 몸에 프로펠러를 달아서 하늘을 날고 싶다!

실험
1

메인 로터 달기

몸까지 회전하므로 눈이 핑핑 돌아서 제대로 날 수 없다.

목적
프로펠러를 달아서 하늘을 날고 싶다!

머리에 프로펠러를 달아서 하늘을 날고 싶다는 상상을 해본 적이 있을 것이다. 그런데 과연 물리학적으로 가능한 일일까?

헬리콥터가 하늘을 나는 방식(➡50쪽)을 참고해, 우선 **머리 위에 메인 로터를 달아보면** 어떨까? 그러면 프로펠러가 회전하면서 사람의 몸도 회전하므로 눈이 핑핑 돌 것이다. 게다가 온몸의 체중을 전부 목으로 버텨야 하므로 대단히 위험하다.

그렇다면 헬리콥터와 똑같이 **테일 로터**를 달면 어떨까? 헬리콥터와 마찬가지로 자세를 안정시킬 수 있다. 하지만 목에 부담이 집중된다는 점은 똑같다. 목은

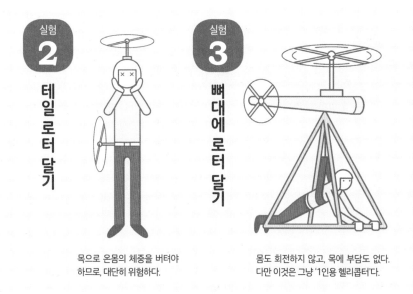

실험
2
테일 로터 달기

실험
3
뼈대에 로터 달기

목으로 온몸의 체중을 버텨야
하므로, 대단히 위험하다.

몸도 회전하지 않고, 목에 부담도 없다.
다만 이것은 그냥 '1인용 헬리콥터'다.

단련하기 몹시 어려운 부위다. 목 근육을 아무리 단련하다 해도, 온몸의 무게를 목 하나에만 맡기는 것은 무리다.

결국 이를 해결하려면 **글라이더와 같은 뼈대**를 만들어서 사람 몸의 부담을 덜어주는 수밖에 없다. 뼈대의 꼭대기에 메인 로터를 달고 측면에 테일 로터를 달아 주면 된다. 이렇게 하면 하늘을 날 수 있겠지만, 이건 그냥 '1인용 헬리콥터' 가 되고 만다.

15 비행기를 타면 귀가 아픈데, 왜 그럴까?

그렇 구나! 기압이 갑자기 내려가면서 고막 안쪽의 공기가 고막을 밀기 때문이다!

일기예보에서 **기압**이라는 말을 들어본 적이 있을 것이다. 기압이란 **대기에 의한 압력**을 말한다. 지상에 있는 모든 물체는 1cm²당 약 1kg의 압력(=1기압)을 받는다. 이런데도 우리 몸이 찌부러지지 않는 이유는, **몸 내부에서도 똑같이 1기압으로 바깥 공기를 밀어내고 있기 때문이다**[그림1]. 공기는 높은 곳으로 갈수록 희박해지므로 기압도 떨어진다. 예를 들어 비행기가 날아다니는 약 1만m 상공에서는 0.2기압 정도다. 비행기 내부에서는 기압을 0.8기압 정도로 유지하기는 하지만, 그래도 후지산 중턱에 해당하는 낮은 기압이다.

귀의 고막 안쪽에 있는 공간은 코와 목으로 이어져 있다. 이 부분의 기압이 고막 바깥쪽보다 높아지면, **고막은 안쪽에서 바깥쪽으로 눌린다**. 그래서 귀가 아픈 것이다[그림2]. 하품을 하면 아픔이 사라질 때가 있는데, 이는 귀의 안쪽과 코의 안쪽을 잇는 **귀관**이 열려 귓속의 공기가 빠져서 압력이 내려가기 때문이다. 참고로 수압이 높은 심해에 사는 물고기를 육지로 끌어올리면 내장이 튀어나오는 것도 같은 원리다. 바닷속보다 지상의 기압이 낮다 보니 몸 내부가 팽창하면서 생기는 현상이다.

몸 내부는 외부를 1기압으로 민다

▶ 대기압이 약해지면 몸 내부의 압력이 상대적으로 높아진다 [그림1]

지상에서는 대기의 압력이 1기압이지만, 비행기 안에서는 0.8기압이다. 그러면 몸속의 압력이 상대적으로 더 높은 상태가 된다.

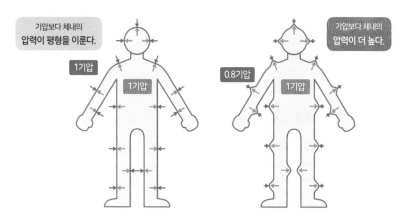

기압보다 체내의 **압력이 평형을 이룬다.**

1기압

1기압

기압보다 체내의 **압력이 더 높다.**

0.8기압

1기압

▶ 고막이 귀 안쪽에서 바깥쪽으로 눌린다 [그림2]

귀 외부의 기압이 갑자기 떨어지면, 귀 내부의 기압이 상대적으로 더 높은 상태가 된다. 그래서 귀가 아파진다.

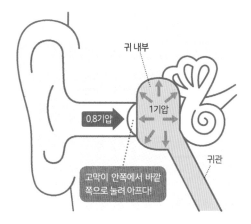

귀 내부

1기압

0.8기압

고막이 안쪽에서 바깥쪽으로 눌려 아프다!

귀관

16 잠수병이란 무엇일까?
도대체 왜 생기는 것일까?

 잠수하면 피에 기체가 녹아들어서 질소 마취와
감압증 등이 생긴다.

잠수병이란 스쿠버 다이빙 등을 할 때의 압력 변화 때문에 생기는 증상이다. 깊게 잠수했을 때 발생하는 **질소 마취**와, 물 위로 올라왔을 때 생기는 **감압증**이 있다[오른쪽 그림]. 기체에는 **높은 압력이 걸린 액체에 더 잘 녹는 성질**이 있다. 예를 들어 탄산음료는 압력이 걸린 물에 이산화탄소를 녹인 것이다. 뚜껑을 열면 이산화탄소 거품이 올라오는데, 이는 뚜껑을 열면서 압력이 낮아져 더는 물속에 녹아 있을 수 없게 된 이산화탄소가 빠져나오기 때문이다.

잠수해서 수압이 높아지면 혈액에 기체가 더 잘 녹아들 수 있다. 잠수할 때 사용하는 공기탱크에는 질소가 약 8할, 산소가 약 2할이 들어 있다. **질소가 혈액에 대량으로 녹아들면 사고력과 운동 능력이 둔해진다.** 이를 질소 마취라고 한다.

반대로 압력이 낮은 물속에 오래 있다가 갑자기 수면으로 올라가면? **혈액에 녹아 있던 기체가 기포로 변해 버린다.** 바로 감압증이다. 탄산음료처럼 혈액 속에 거품이 생기는데, 문제는 이 거품이 혈관을 막아버릴 때가 있다는 것이다.

둘 다 압력이 급격하게 변화하면서 생기는 증상이므로, 이를 피하려면 주변 압력을 조금씩 바꾸면서 몸을 적응시켜야 한다.

압력을 걸면 기체는 액체에 더 많이 녹아든다

▶ 질소 마취와 감압증

기체에는 높은 압력이 걸린 액체에 더 잘 녹는 성질이 있다. 기압이 급격히 상승해 질소가 혈액에 많이 녹아들면 질소 마취가 생기며, 기압이 갑자기 떨어져서 혈액 내부에 기포가 생기면 감압증이 생길 수 있다.

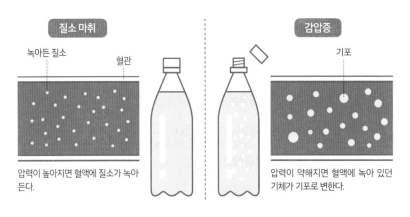

질소 마취

녹아든 질소   혈관

압력이 높아지면 혈액에 질소가 녹아든다.

감압증

기포

압력이 약해지면 혈액에 녹아 있던 기체가 기포로 변한다.

Q 사람이 심해 200m까지 맨몸으로 잠수할 수 있을까?

잠수할 수 있다 〉 or 〈 잠수할 수 없다 〉 or 〈 더 깊게 들어갈 수 있다!

맨몸 잠수란 수중 호흡 장비 없이 잠수하는 일이다. 바다는 200m 정도 깊이부터 빛이 거의 닿지 않는 '심해'가 된다. 이러한 심해까지 사람이 맨몸으로 잠수할 수 있을까?

물속에서는 물의 무게를 **수압**이라는 형태로 받는데, 예를 들어 100m 깊이에서는 주위에서 1cm^{2}당 약 11kg의 힘을 받는다. 훈련하지 않은 사람은 2m만 잠수해도 귀가 아프며, **잠수병**에 걸릴 수도 있다(➡56쪽).

실은 우리가 아무리 힘껏 숨을 내쉬어도, 폐에 들어가는 공기의 양 중에서 5분의 4 정도만 내쉴 수 있으며 나머지 5분의 1은 폐의 형태를 유지하기 위해 폐

안에 남아 있다. 이 **5분의 1만큼의 크기가 폐를 정상적으로 유지할 수 있는 최소 크기**이며, 이보다 더 작아지면 폐가 찌부러진다.

맨몸으로 물속으로 깊게 들어가면 폐는 수압을 받아 작아진다. 이때 5분의 1보다 작아져서 폐가 찌부러지기 시작하는 일을 **폐 스퀴즈**라고 한다.

이런 이유로 맨몸 잠수에는 한계가 있다고 오랫동안 여겨져 왔다. 그런데 어떤 프랑스인이 100m까지 잠수했다가 생환하면서 이를 뒤집어버렸다. 인간의 몸이 훈련을 통해 수압에 적응할 수 있다는 사실이 밝혀진 것이다. 의학적으로 조사해보니, 폐가 변형한다거나 폐 주위의 장기가 폐를 지지해주는 등의 방법으로 폐의 형태를 유지하고 있었다.

프리 다이빙에는 노리미트(No Limits, NLT)라는 경기가 있다. 무게 추를 타고 잠수하며, 가이드 로프를 사용해 부상해도 괜찮다는 규칙이다. 이 종목에서 이미 200m를 넘는 기록이 나와 있다[아래 그림]. 즉, 정답은 '(훈련하면)더 깊게 들어갈 수 있다!'다.

주요 잠수 기록

수심	연도	인물
100m	1976년	자크 마욜(프랑스)
122m	2016년	윌리엄 트루브리지(뉴질랜드)
103m	2017년	히로세 하나코(일본)
※ 214m	2007년	헤르베르트 니치(오스트리아)

※ 무게 추를 타고 세운 기록이다.

무게 추

17 왜 얼음 위에서 걸으면 발이 미끄러울까?

그렇구나! 얼음이 압력을 받으면 물이 되며, 이 물의 막이 발을 미끄러지게 만들기 때문이다!

얼음 위에서 걸으면 몹시 미끄럽다. 왜 그럴까? 얼음에는 **압력을 받으면 물이 되는 성질**이 있다. 고체(얼음)가 녹아서 액체(물)가 될 때의 온도를 '녹는점'이라고 한다. 얼음에 압력이 걸리면 이 녹는점이 낮아져서 얼음이 녹기 시작한다. 이를 '압력 녹음'이라고 한다. 얼음 위를 걸으면 이 압력 녹음 때문에 순간적으로 발밑에 얇은 물의 막이 생겨 미끄러지는 것이다[그림1].

미끄러워지기 쉬운 정도는 '마찰'과 관련이 있다. 땅 위를 걸을 때 넘어지지 않는 이유는 신발과 땅바닥 양쪽에 있는 요철 덕분에 큰 마찰이 걸리기 때문이다. 얼음 표면에도 요철이 있지만, 앞에서 설명했다시피 얼음 위에서 걸으면 물의 막이 생긴다. 이 물의 막 때문에 표면의 요철이 매워져서 마찰이 줄어든다. 또 물은 액체라서 일정한 형태를 지니지 않기 때문에 더 미끄러지기 쉽다. 참고로 컬링도 이 압력 녹음 현상을 이용한다[그림2].

또한 최근 연구에 따르면 **얼음 표면에는 원래 물과 비슷한 상태인 얇은 막이 존재한다**는 사실이 밝혀졌다. 그래서 얼음이 녹지 않는 극한의 환경에서도 얼음 위에서 미끄러지는 것이다.

압력 녹음으로 생긴 물의 막 때문에 발이 미끄러진다

▶ 물의 막 때문에 발이 미끄러진다 [그림1]

얼음 위에 오르면 압력 때문에 얼음 표면에 얇은 물의 막이 생겨서 마찰력이 작아진다. 또한 액체 상태인 물은 형태를 유지하지 못하므로 미끄럽다.

둘 다 요철이 있으므로 마찰이 크며, 땅바닥은 고체라서 형태를 유지하므로 미끄러지지 않는다.

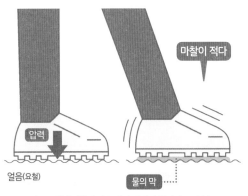

얼음은 원래 마찰이 작은 데다, 압력이 걸리면 표면 부분이 녹아 물이 된다. 물은 액체라서 형태를 유지하지 못하므로 미끄러진다.

▶ 컬링에서도 물의 막으로 마찰을 줄인다 [그림2]

컬링 경기에서는 얼음 위의 페블이 스톤의 압력으로 일시적으로 물이 되어 마찰력을 낮추므로, 스톤이 얼음 위에서 미끄러지며 나아갈 수 있다.

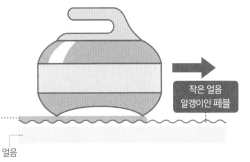

18 피겨스케이팅 선수가 빠르게 회전하는 방법이 뭘까?

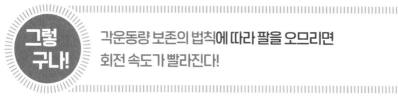

그렇구나! 각운동량 보존의 법칙에 따라 팔을 오므리면 회전 속도가 빨라진다!

피겨스케이팅 선수는 걱정될 정도로 계속 빙글빙글 회전한다. 어떻게 그렇게 빠르게 돌 수 있는 것일까?

바로 스케이트 날과 얼음 사이의 **마찰이 아주 작기 때문**이다. 마찰이 작으면 **회전의 운동량**(질량 × 속도 × 팔의 길이)은 외부에서 힘을 가하지 않는 한 계속 보존된다(**각운동량 보존의 법칙**). 즉 처음에 발로 바닥을 강하게 차기만 하면 선수는 계속 빠르게 회전할 수 있다.

또한 스핀 연기를 잘 보면 처음에는 천천히 회전하다가 점점 빨라질 때가 있다. **각운동량**은 '**질량 × 회전 반지름² × 각속도**'라는 수식으로 구할 수 있다. 이 각운동량은 각속도와 회전 반지름이 바뀌어도 변하지 않는다[오른쪽 그림].

예를 들어 선수가 팔을 벌리고 회전을 시작한 다음에 팔을 오므렸다고 해보자. 이때 **회전 반지름이 작아져도 각운동량은 변하지 않으므로** 그만큼 회전 속도가 빨라지는 것이다. 만약 회전 반지름이 4분의 1로 줄면 회전 속도는 16배로 늘어난다. 이런 식으로 피겨스케이팅 선수는 아주 빠른 속도로 회전할 수 있다.

회전 반지름을 줄이면 회전 속도가 빨라진다

▶ 피겨스케이팅의 스핀

팔을 벌린 상태에서 회전하다가 팔을 오므리면 회전 반지름이 작아지므로, 각운동량 보존의 법칙에 따라 회전 속도가 빨라진다.

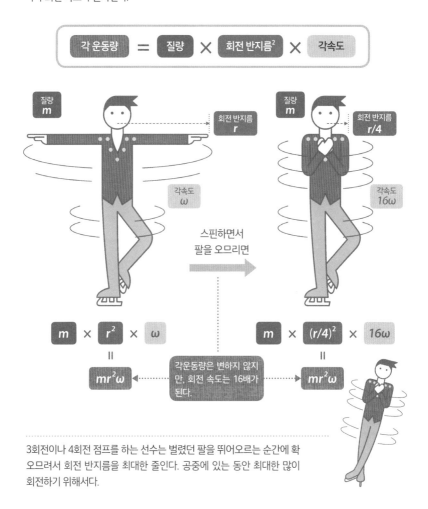

각 운동량 = 질량 × 회전 반지름^2 × 각속도

질량
m

회전 반지름
r

각속도
ω

질량
m

회전 반지름
r/4

각속도
16ω

스핀하면서
팔을 오므리면

$m × r^2 × ω$

$=$

$mr^2ω$

각운동량은 변하지 않지만, 회전 속도는 16배가 된다.

$m × (r/4)^2 × 16ω$

$=$

$mr^2ω$

3회전이나 4회전 점프를 하는 선수는 벌렸던 팔을 뛰어오르는 순간에 확 오므려서 회전 반지름을 최대로 줄인다. 공중에 있는 동안 최대한 많이 회전하기 위해서다.

19 펌프는 어떻게 물을 퍼 올리는 것일까?

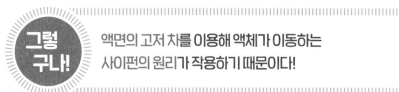

그렇구나! 액면의 고저 차를 이용해 액체가 이동하는 사이펀의 원리가 작용하기 때문이다!

펌프를 이용하면 액체를 퍼 올릴 수 있다. 요새는 보기 힘들지만, 옛날에는 난로에 등유를 넣을 때도 작은 펌프를 이용했다. 그런데 펌프란 대체 어떤 방식으로 작동하는 것일까?

난로를 예로 들어보자. 먼저 기름통의 액면이 난로 안에 든 기름의 액면보다 높은 위치에 오도록 만든 다음 펌프를 넣는다. 펌프를 처음에 몇 번 누르면, 펌프 관 내부가 등유로 가득 찬다. 그러면 그 후에는 자동으로 기름통에서 난로로 등유가 흘러 들어간다.

이는 **사이펀의 원리**에 의한 현상이다. 관 내부가 액체로 가득 차 있다면, **도중에 높은 곳을 지나더라도 액체는 액면이 높은 곳에서 낮은 곳으로 흘러간다.** 액체는 형태를 자유롭게 바꿀 수 있지만, 분자끼리 서로 당기는 힘이 작용하므로 관 내부에서 b 부분이 무거운 만큼 다 같이 이동하는 것이다[그림1].

수영장에서 물을 뺄 때도 사이펀을 원리를 이용한다. 수세식 변기의 물이 내려가는 것도 같은 이치다. 변기 스위치를 누르면 대량이 물이 나오는데, 관 내부가 물로 가득 차면 사이펀의 원리에 따라 물이 내려가는 것이다[그림2].

▶ 사이펀 원리란 [그림1]

액체는 액면이 높은 곳에서 낮은 곳으로, 액면의 높이가 같아질 때까지 흘러간다.

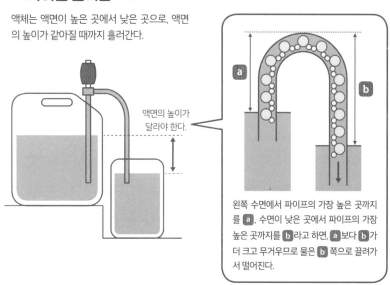

액면의 높이가 달라야 한다.

왼쪽 수면에서 파이프의 가장 높은 곳까지를 **a**, 수면이 낮은 곳에서 파이프의 가장 높은 곳까지를 **b**라고 하면, **a**보다 **b**가 더 크고 무거우므로 물은 **b** 쪽으로 끌려가서 떨어진다.

▶ 수세식 변기의 원리 [그림2]

수세식 변기에서는 물을 많이 부으면 배수관에 물이 가득 차므로, 사이펀의 원리로 변기 내의 물을 내릴 수 있다.

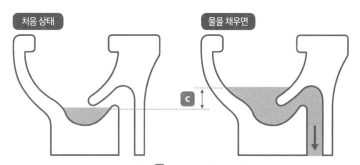

처음 상태

물을 채우면

배수관이 물로 가득 차면 사이펀의 원리에 따라 **c** 의 높이만큼 물이 내려간다.

20 국이 든 그릇의 뚜껑을 열기 힘든 이유가 뭘까?

그렇구나! 열팽창에 의해 그릇 내부의 기압이 떨어져서, 외부에서 압력을 받는 상태이기 때문이다!

국그릇에 국을 담고 뚜껑을 덮어둔 채로 두면, 나중에 뚜껑을 열려고 해도 잘 열리지 않을 때가 있다. 기체에는 **가열하면 팽창하여 부피가 늘어나고 식히면 수축하여 부피가 줄어드는 성질**이 있다. 이를 **열팽창**이라고 하는데, 뚜껑이 열리지 않는 건 이 열팽창이 관련되어 있다.

처음에 뜨거웠던 국은 시간이 지나면서 식어 간다. 그러면 그릇 내부의 기체(공기와 수증기)도 함께 식는데, 이때 부피가 줄어들므로 기압도 떨어진다. **국그릇 내부는 1기압 미만으로 떨어진 데 비해, 외부 공기는 그대로 1기압이므로** 국그릇 뚜껑은 외부에서 압력을 받는 상태가 된다(기압➡54쪽). 이 때문에 국그릇이 딱 붙어서 열기 힘들어지는 것이다[그림1].

반면 국그릇이 식탁 위에서 미끄러질 때가 있는데, **공기가 팽창**하면서 생기는 현상이다. 국그릇의 발에 해당하는 '굽'에 물이 묻어 있으면 식탁과 굽 사이 틈새를 메워 버린다. 이때 굽 내부 공기는 국의 열기 때문에 팽창하며, 팽창한 공기는 국그릇을 들어 올리므로 국그릇과 식탁 사이의 **마찰**이 줄어든다. 그래서 살짝 밀기만 해도 국그릇이 미끄러지는 것이다[그림2].

열팽창 때문에 그릇 내부의 압력이 변한다

▶ 식으면 내부와 외부의 기압 균형이 깨진다 [그림1]

뜨거울 때는 그릇 내부도 외부와 마찬가지로 1기압이었다. 하지만 국이 식으면 그릇 내부의 기압이 떨어져 외부 기압에 밀려 뚜껑이 잘 열리지 않게 된다.

국을 막 부었을 때는 내부와 외부의 기압이 같다.

내부 기압이 낮아져 뚜껑이 잘 열리지 않는다.

▶ 열로 부풀어 오른 공기 때문에 그릇이 미끄러진다 [그림2]

그릇 바닥이 물에 젖어 있으면, 발 내부의 공기가 데워지면서 부풀어 올라 그릇을 들어 올린다. 그러면 그릇과 식탁 사이의 마찰력이 작아져서 조금 밀기만 해도 그릇이 미끄러진다.

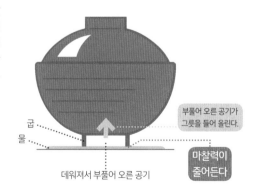

21 왜 보통 신발보다 힐에 밟혔을 때 더 아플까?

그렇구나!

힘의 집중과 분산 때문이다.
물체에 걸리는 힘은 넓이에 따라 달라진다!

사람이 아주 많이 탄 전철 안에서 힐에 발을 밟힌 적이 있는가? 상당히 아프다. 잘못하면 뼈가 부러질 수도 있다. 왜 힐에 밟히면 이렇게 충격이 클까? 이는 **힘의 집중과 분산**이 관련되어 있다.

힐 중에서도 굽 부분이 2cm² 정도밖에 안 되는, 이른바 핀힐이라는 제품이 있다. 몸무게가 50kg인 사람이 이것을 신고 한쪽 다리에 체중을 실었다고 해보자. 체중의 절반이 힐 굽에 걸렸다고 하면, 1cm²당 12.5kg으로 누른다는 말이 된다. 이는 폭이 50cm 정도인 전자레인지 정도의 무게다. 전자레인지의 모서리 부분을 아래로 해서 발등 위에 세우면 어떻게 될지 상상해보자[그림1].

한편으로 몸무게가 6톤인 아프리카코끼리의 발 크기가 약 1,000cm²라고 해보자. 아프리카 코끼리에게 밟혔을 때의 힘은 1cm²당 1.5kg 정도다. 1.5리터짜리 페트병을 거꾸로 세운 것과 같은 느낌일 것이다[그림2].

이렇게 놓고 비교해보면 힐에 밟혔을 때가 훨씬 더 아플 것 같다. 이는 힘을 받는 부분의 넓이 차이 때문이다. **물체에 걸리는 힘은 접촉하는 넓이에 의해 분산**된다. 힐처럼 접촉 면적이 좁으면 힘이 집중되므로 효과가 큰 것이다.

▶ 핀힐 굽 부분의 힘 [그림1]

몸무게가 50kg인 사람의 체중 절반이 2cm² 굽 부분에 실리면, 1cm²당 12.5kg중의 힘이 작용한다.

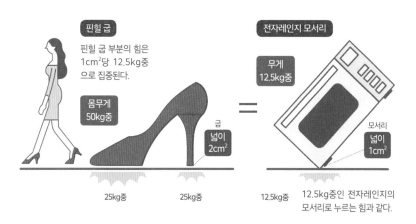

▶ 아프리카코끼리의 발에 걸리는 힘 [그림2]

체중이 6톤중(6,000kg중)인 코끼리의 몸무게 중 4분의 1이 1,000cm²의 발에 걸린다면, 1cm²당 1.5kg중의 힘이 작용하는 것이다.

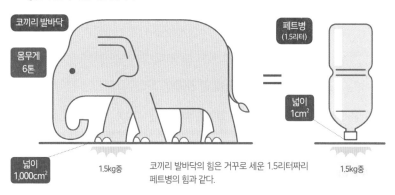

22 왜 전봇대 내부는 텅 비어 있을까?

물체의 강도를 나타내는 단면 계수는
내부가 비어 있어도 별로 차이가 나지 않기 때문이다!

전봇대는 내부가 텅 빈 둥근 파이프 모양이다. 왜 그럴까? 이는 내부가 꽉 찬 전봇대와 파이프 모양 전봇대는 굽히려는 힘에 대한 강도가 거의 비슷하다. **굽히려는 힘, 즉 굽힘 모멘트에 대한 강도와 저항력은 단면계수**로 나타낼 수 있다. 내부가 꽉 찬 원통은 중실재, 내부가 빈 파이프 모양은 **중공재**라고 하는데, 각각의 단면계수는 다음과 같이 구할 수 있다.

● 중실재(원통)의 단면계수

$$Z_1 = \frac{\pi}{32}\,지름^3$$

● 중공재(파이프)의 단면계수

$$Z_2 = \frac{\pi}{32} \times \frac{바깥지름^4 - 안지름^4}{바깥지름}$$

파이프 두께는 안지름의 1할 정도이며, 안지름 길이는 원통의 지름과 똑같다고 하면 단면계수는 $Z_1 : Z_2 = 1 : 0.89$다. 즉 굽히려는 힘에 대해 파이프는 원통의 약 90% 정도 강도이며, 이는 **내부가 꽉 찬 강도와 크게 다르지 않은 것이다**[그림1]. 이는 전봇대 같은 원통을 구부리려고 하면 바깥쪽은 당겨지고 안쪽은 압축되지만, 중심부는 당기는 힘도 압축하는 힘도 걸리지 않기 때문이다[그림2]. 즉 **중심부는 굽히려는 힘에 대한 강도에 영향을 주지 않는 것이다**.

내부가 비어 있어도 단면 계수는 비슷하다

▶ 굽히려는 힘에 대한 강도는 별 차이가 없다 [그림1]

중실재와 중공재는 굽히려는 힘에 대한 강도가 크게 다르지 않다.

중실재의 단면계수

지름 d

$$Z_1 = \frac{\pi}{32} d^3$$

중공재의 단면계수

안지름 d_1

바깥지름 d_2

$$Z_2 = \frac{\pi}{32} \times \frac{d_2^4 - d_1^4}{d_2}$$

중실재의 지름과 중공재의 안지름이 같다.

$d_1 = d$

안지름의 10%만큼의 두께를 지니는 중공재다.

$d_2 = 1.2d$

같은 조건으로
단면 계수를
비교하면

$Z_1 : Z_2 = 1 : 0.89$

▶ 중심부는 굽히려는 힘의 영향이 크지 않다 [그림2]

중실재인 원통을 굽혀 보면, 당기는 힘도 압축하는 힘도 받지 않는 중심부가 있다. 그래서 중심부가 공동이어도 굽히려는 힘에 대한 강도는 별 차이가 없다.

※ 본문 내용은 일본의 사례로, 우리나라의 전봇대는 철근 콘크리트가 대부분이다. 이마저도 지중화 작업으로 점점 사라지는 추세다.

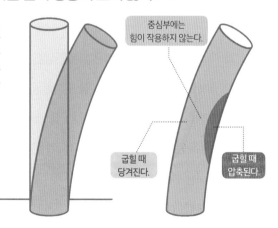

중심부에는
힘이 작용하지 않는다.

굽힐 때
당겨진다.

굽힐 때
압축된다.

23 비가 오면 왜 벼락이 떨어질까?

그렇구나! 벼락이란 정전기의 거대한 방전이다. 이는 얼음과 우박이 비벼지면서 발생한다!

옛날부터 인류는 벼락이 무엇인지 의문을 품어왔다. 현재는 **정전기의 방전**이라는 것이 통설이다. 정전기는 일상에서도 찾아볼 수 있다. 옷이 비벼져 생긴 정전기가 몸에 쌓여서, 손으로 문고리 등을 잡았을 때 '빠직' 하면서 방전되는 현상이 대표적이다. 그렇다면 벼락은 무엇이 비벼져서 생긴 것일까?

답은 **얼음과 물방울**이다. 번개가 발생하는 적란운은 아주 작은 얼음과 물방울로 이루어졌는데, 격렬한 상승기류 때문에 지상의 수분이 상공에서 차가워져 만들어진 것이다. 이 작은 얼음 알갱이에 수증기가 들러붙으면 우박이 된다. 우박은 크게 자라면 천천히 아래로 떨어지는데, 이때 위로 올라오던 작은 얼음이나 물방울과 서로 비벼진다. 그러면 **작은 얼음은 양전하로, 우박은 음전하로 대전**된다. 무거운 우박은 구름 아래쪽에 모여 있으므로 구름 아랫부분에는 음전하가 쌓인다. 그러면 땅속 양전하가 끌려 올라가 지상은 양전하로 대전된다.

이렇게 양전하와 음전하가 계속 쌓여 가다가 결국 **구름의 음전하가 지상을 향해 단번에 흐르는 현상**이 벼락이다. 거대한 전기가 공기를 뚫고 흐르면, 그곳의 공기가 순식간에 1만 도 이상 고온이 되어 폭발적으로 팽창하면서 천둥이 친다.

얼음과 우박이 비벼지면서 정전기가 발생한다

▶ 벼락의 원리

벼락이란 구름 아래쪽에 쌓인 얼음과 물방울이 음전하로 대전되어, 양전하로 대전된 지상을 향해 전기가 단번에 방전되는 현상이다.

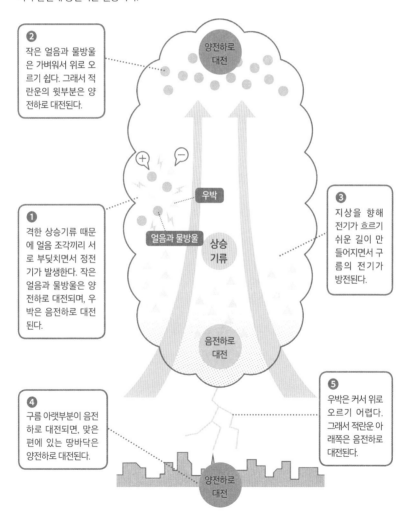

2 작은 얼음과 물방울은 가벼워서 위로 오르기 쉽다. 그래서 적란운의 윗부분은 양전하로 대전된다.

양전하로 대전

1 격한 상승기류 때문에 얼음 조각끼리 서로 부딪치면서 정전기가 발생한다. 작은 얼음과 물방울은 양전하로 대전되며, 우박은 음전하로 대전된다.

우박

얼음과 물방울

상승 기류

3 지상을 향해 전기가 흐르기 쉬운 길이 만들어지면서 구름의 전기가 방전된다.

음전하로 대전

4 구름 아랫부분이 음전하로 대전되면, 맞은편에 있는 땅바닥은 양전하로 대전된다.

5 우박은 커서 위로 오르기 어렵다. 그래서 적란운 아래쪽은 음전하로 대전된다.

양전하로 대전

24 구름은 어떻게 하늘에 떠 있을 수 있을까?

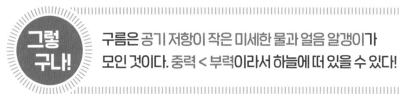

그렇구나! 구름은 공기 저항이 작은 미세한 물과 얼음 알갱이가 모인 것이다. 중력 < 부력이라서 하늘에 떠 있을 수 있다!

구름은 지름이 0.01mm 미만인 물과 얼음 알갱이가 모인 것이다. 구름을 이루는 물방울은 아주 작고 가벼우므로, 공기 중에서 둥둥 떠 있을 수 있다. 이는 **공기 저항**과 **부력**이 관련되어 있다.

모든 물체는 지구의 중력 때문에 아래로 떨어지며, 낙하할 때는 공기 저항을 받는다. **작고 가벼운 물체는 중력에 비해 공기 저항이 상당히 크다.** 그래서 부력이 생겨 떨어지지 않는 것이다. 꽃가루나 먼지 등이 공기 중을 떠다니는 이유는 **공기 저항에 의한 부력을 받기 때문**이다.

구름은 왜 생길까? 지상에서 공기가 데워지면 가벼워져서 위로 올라간다. 따뜻한 공기가 위로 올라가면 차가워지는데, 이때 공기 중에 있던 수증기가 응결하면서 빙정(물이나 얼음 알갱이)이 생긴다. 이것이 구름의 정체다.

그런데 물방울과 얼음 알갱이는 서로 부딪치면 합쳐지면서 점점 커진다. 그러다 보면 공기 저항보다 중력의 크기가 더 커져서 아래로 떨어지기 시작한다. 이렇게 떨어지는 물방울을 비라고 한다.

상승기류에 의한 부력으로 물방울이 떠다닌다

▶ **구름이 생기는 과정**

지상에서 데워진 공기가 상승하면, 공기 중의 수증기가 차가워지면서 물과 얼음으로 변한다. 작은 물과 얼음 알갱이는 상승기류 때문에 아래로 떨어지지 않는다.

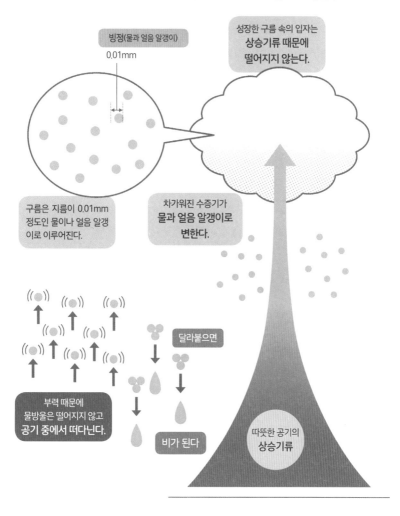

빙정(물과 얼음 알갱이)

0.01mm

성장한 구름 속의 입자는 **상승기류 때문에 떨어지지 않는다.**

구름은 지름이 0.01mm 정도인 물이나 얼음 알갱이로 이루어진다.

차가워진 수증기가 **물과 얼음 알갱이로 변한다.**

달라붙으면

부력 때문에 물방울은 떨어지지 않고 **공기 중에서 떠다닌다.**

비가 된다

따뜻한 공기의 **상승기류**

Q 쇠구슬과 골프공을 동시에 떨어뜨리면 어떻게 될까?

쇠구슬 〉 or 〉 골프공 〉 or 〉 동시에 떨어진다

쇠구슬과 골프공의 무게를 비교해보면 쇠구슬이 더 무겁다. 솜이나 풍선처럼 속이 꽉 차 있지 않은 물체는 천천히 떨어지지만, 쇠구슬과 골프공은 어떨까? 어느 한쪽 이 먼저 떨어질까, 아니면 동시에 떨어질까?

고대 그리스의 철학자 아리스토텔레스는 **"무거운 물체일수록 더 빨리 떨어진다"** 라고 했으며, 당시 사람들은 이를 믿었다. 그런데 16세기에 이 말에 반박하는 사 람이 나타났다. 바로 '근대 과학의 아버지'라 불리는 갈릴레이였다.

갈릴레이는 아리스토텔레스의 말이 틀렸다고 생각했다. 그는 나무 구슬 2개 를 실로 연결해서 떨어뜨렸을 때와 나무 구슬 하나만을 떨어뜨렸을 때 어떻게 될

지 생각해봤다. 실로 연결하면 무게는 2배가 되겠지만, 그렇다고 하나일 때보다 더 빨리 떨어진다고는 생각하기 어려웠다.

갈릴레이는 사람들 앞에서 나무 구슬과 쇠구슬을 떨어뜨려 보았다. 두 구슬은 동시에 땅에 떨어졌으며, 이로써 아리스토텔레스의 말이 틀렸음을 증명했다.

그럼 정답은 '동시에 떨어진다'인 것일까? 잠깐만 기다려보자. 사실 지금은 아주 정밀하게 계측해보면 나무 구슬보다 쇠구슬이 더 빨리 떨어진다는 사실이 밝혀졌다. 솜이나 풍선이 천천히 떨어지는 이유는 **공기 저항**을 받기 때문

높은 곳에서 물건을 떨어뜨리면

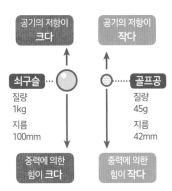

공기 저항은 물체의 크기와 형태에 따라 변하므로, 지름이 긴 쇠구슬이 받는 공기 저항이 더 크다. 중력에 의한 아래 방향의 힘은 무게에 따라 달라진다. 이것도 쇠구슬이 더 크다.

이다. 그리고 나무 구슬과 쇠구슬 또한 눈에 띄지는 않지만, 공기 저항을 받으며 떨어진다. 이때 가벼운 나무가 더 공기 저항을 많이 받는다[위그림].

그러므로 "쇠구슬과 골프공을 동시에 떨어뜨리면 어느 것이 먼저 떨어질까?"라는 질문의 정답은 '쇠구슬'이다. 갈릴레이는 질량과 낙하 속도는 무관하다는 **낙하의 법칙**을 발견했지만, 이는 '공기 저항이 없을 때'라는 조건을 만족할 때 성립하는 것이다.

위대한 물리학자이자 수학자

아이작 뉴턴

(1643~1727)

뉴턴은 불우한 환경에서 태어났다. 태어나기도 전에 아버지가 세상을 떠났으며, 어머니는 뉴턴을 낳은 후 다른 남자와 결혼해 그를 떠났다. 할머니 손에서 자란 뉴턴은 마음이 약하고 내성적인 아이였는데, 어느 날 다른 아이가 자신의 물레방아 모형을 부수자 크게 화를 내며 처음으로 싸워 이겼다. 자신감을 얻은 뉴턴은 성적이 급격히 올랐으며, 케임브리지 대학에 입학할 수 있게 됐다. 그는 도서관에서 수학 관련 책을 오래된 순으로 읽었으며, 이를 전부 다 이해했다고 한다.

23세 때 런던에서 흑사병이 유행하자 뉴턴은 고향으로 돌아왔다. 이때 1년 반 동안 운동 법칙(역학), 파동과 빛의 성질, 만유인력의 법칙 등 물리의 기본 법칙을 많이 발견했다. 그러나 대학에 돌아간 후에도 연구결과를 공표하지 않았으며, 혼자서 법칙을 수학식으로 정리했다. 그러다가 뉴턴이 42세 때 천문학자인 에드먼드 핼리의 강한 권유로 연구 성과를 발표하게 되고, 『프린키피아』를 출판해 뉴턴 역학을 확립했다.

제 **2** 장

계속 펼쳐지는 다양한 물리

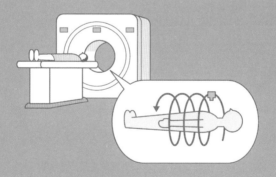

빛, 소리, 자기력 등 주변에서 흔히 볼 수 있는 것부터 끝없이 장대한 현상까지 물리의 이야기는 계속 펼쳐진다. 하늘이 푸른 이유와 우주의 구조부터 체온계의 원리까지, 물리의 폭넓은 세계를 탐험해보자.

25 왜 쌍안경으로 보면 멀리 있는 것이 크게 보일까?

그렇구나! 대물렌즈와 접안렌즈라는 두 렌즈를 이용해 사물을 확대해서 본다!

쌍안경의 내부 구조는 어떻게 생겼을까?

쌍안경은 **배율이 낮은 소형 망원경 2개**로 이루어져 있다.

망원경에는 **굴절망원경과 반사망원경**이 있는데, 쌍안경에 쓰이는 것은 굴절망원경이다. 굴절망원경은 렌즈 2장을 조합한 것으로, 만드는 방법에 따라 **갈릴레이식과 케플러식**으로 나눌 수 있다[그림1]. 쌍안경은 대체로 케플러식 망원경으로 만든다. 대물렌즈가 만든 상을 접안렌즈로 확대해서 보는 방식으로, 대물렌즈가 만든 상은 위아래가 거꾸로 뒤집혀 있다. 이를 돋보기로 확대해서 보면 멀리 있는 것이 크게 보인다. 단, 그대로 보면 위아래로 뒤집힌 상(**도립상**)이 보일 것이다. 그래서 쌍안경에서는 **대물렌즈와 접안렌즈 사이에 프리즘**(투명한 유리로 이루어진 광학 부품)을 넣어서 상을 다시 뒤집어 정립상으로 만든다[그림2].

쌍안경에는 '8×30'과 같은 숫자가 적혀 있는데, 여기서 8은 배율을 뜻하고 30은 대물렌즈의 구경(지름)을 mm 단위로 적은 것이다. 렌즈의 구경이 작으면 가지고 다니기에 편하지만, 구경이 크면 더 밝고 선명하게 보인다. 배율이 너무 높으면 시야가 좁아지므로, 8배 정도면 충분하다.

대물렌즈로 만든 상을 접안렌즈로 확대한다

▶ 쌍안경에 쓰이는 굴절망원경의 원리 [그림1]

굴절망원경은 대물렌즈가 만든 상을 접안렌즈로 확대해서 보는 장치다.

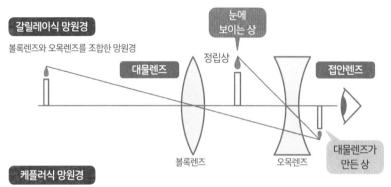

갈릴레이식 망원경

볼록렌즈와 오목렌즈를 조합한 망원경

눈에 보이는 상

정립상

대물렌즈

접안렌즈

볼록렌즈

오목렌즈

대물렌즈가 만든 상

케플러식 망원경

볼록렌즈 2개를 조합한 망원경

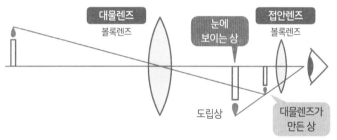

대물렌즈

볼록렌즈

눈에 보이는 상

접안렌즈

볼록렌즈

도립상

대물렌즈가 만든 상

▶ 쌍안경의 구조 [그림2]

케플러식 망원경으로 보이는 상은 도립상이므로, 프리즘을 이용해 빛의 경로를 바꿔서 상을 뒤집어 정립상으로 만든다. 이를 폴로 프리즘식 쌍안경이라고 한다.

2개의 프리즘으로 빛의 경로를 바꾼다.

26 망원경으로 얼마나 먼 곳까지 볼 수 있을까?

아주 먼 곳을 볼 때는 **반사망원경**을 사용한다.
130억 광년 너머의 은하까지 볼 수 있다!

망원경으로 아득히 먼 천체도 볼 수 있다. 천체관측은 대부분 **반사망원경**을 사용하는데, **원형 거울을 이용해 천체에서 나오는 빛을 모으는 망원경**이다[그림1].

하와이에 있는 일본 국립천문대의 **스바루 망원경**은 세계 최고 성능의 망원경이라고 하는데, 도쿄에서 수백km 떨어진 후지산 정상에 있는 테니스공 2개를 구분할 수 있을 정도다. 단, 하늘이 밝고 대기오염이 심한 대도시 주변에서는 어떠한 고성능 망원경도 제 성능을 낼 수 없다. 공기는 천체에서 나오는 빛을 가로막거나 왜곡해버리므로, 천체관측은 공기의 양이 적은 높은 산 위에서 하는 편이 더 유리하다. 그래서 스바루 망원경은 하와이의 마우나케아산 정상(4,205m)에 설치되었으며, **130억 광년 이상 떨어진 은하를 발견**했다.

또 지상의 높은 산보다 아예 공기가 없는 우주가 더 조건이 좋다. **허블 우주망원경**은 우주공간에 있으며, 이 또한 130억 광년 이상 떨어진 은하를 발견했다. 망원경의 카메라는 가시광선뿐만 아니라 적외선, 자외선, 전파, 감마선 등도 비춰낸다. 현대의 천문학자는 이러한 정보를 분석해 블랙홀 등 다양한 천체를 발견한다.

반사망원경으로 천체에서 나오는 빛을 모은다

▶ 천체망원경의 구조 [그림1]

스바루 망원경과 허블 우주망원경은 반사망원경인데, 뉴턴식과 카스그레인식이 있다.

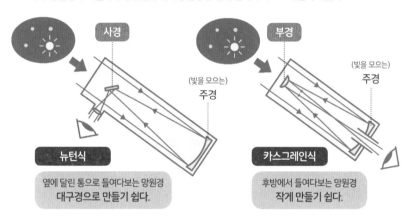

사경

부경

(빛을 모으는)
주경

(빛을 모으는)
주경

뉴턴식

옆에 달린 통으로 들여다보는 망원경
대구경으로 만들기 쉽다.

카스그레인식

후방에서 들여다보는 망원경
작게 만들기 쉽다.

▶ 스바루 망원경과 허블 천체망원경 [그림2]

성능이 뛰어난 망원경은 높은 산이나 우주에 설치된다.

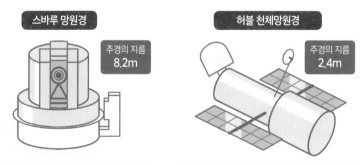

스바루 망원경

주경의 지름
8.2m

허블 천체망원경

주경의 지름
2.4m

가시광선과 적외선을 이용해 관측하는 망원경이다.

지상에서는 어려운 높은 정밀도로 가시광선을 관측하는
카스그레인식 망원경이다.

Q 기술 발달로 200억 광년 너머 우주도 볼 수 있을까?

볼 수 있다 or 볼 수 없다

우주는 끝없이 펼쳐져 있다. 최고의 성능을 지닌 망원경은 130억 광년 너머의 우주를 볼 수 있다(➡82쪽). 이 드넓은 우주는 대체 어디까지 관측할 수 있을까? 기술이 발전하면 200억 광년 너머도 볼 수 있을까?

일본의 스바루 망원경이나 미국의 허블 우주망원경을 이용하면 130억 광년 이상 떨어진 은하를 발견할 수 있다. **빛의 속도로도 130억 년이나 걸리는 거리**다.

관측 기술이 발전하면 더 먼 곳에 있는 천체도 관측할 수 있을 것이다. 그럼 거리의 한계는 존재하지 않는 것일까? 여기서 130억 광년 의미에 관해 한번 생각해보자.

1광년은 빛이 1년 동안 나아가는 거리다. 따라서 130억 광년 너머에 있는 은하를 본다는 말은, 130억 년 전에 나온 빛이 현재의 지구에 도달했다는 뜻이다. 즉 스바루와 허블 망원경은 130억 년 전의 우주의 모습을 보고 있다는 말이 된다.

그런데 우주는 약 138억 년 전에 **빅뱅**이라 불리는 대폭발이 일어나면서 탄생했다(➡204쪽). 이는 138억 년 전에는 우주가 존재하지 않았다는 뜻이다. 따라서 아무리 고성능 망원경을 만든다 해도, 138억 광년 너머의 우주는 관측할 수 없는 것이다.

주요 천체까지의 거리 ※ 빛이 그곳에 도달하기까지 걸리는 시간

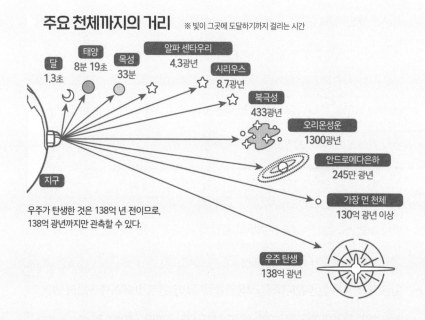

달
1.3초

태양
8분 19초

목성
33분

알파 센타우리
4.3광년

시리우스
8.7광년

북극성
433광년

오리온성운
1300광년

안드로메다은하
245만 광년

가장 먼 천체
130억 광년 이상

우주 탄생
138억 광년

지구

우주가 탄생한 것은 138억 년 전이므로,
138억 광년까지만 관측할 수 있다.

따라서 정답은 '볼 수 없다'다. 다만 관측 기술이 발전해 138억 광년에 다가가면 우주가 어떤 식으로 탄생했는지에 관한 단서를 잡을 수 있을 것이다.

27 지구는 왜 도는 것일까?

그렇구나! 지구가 생겨날 때 **발생한** 회전하는 힘이 **관성의 법칙**에 따라 남아 있기 때문이다!

지구는 태양 주위를 1년에 한 바퀴 도는 **공전**과 스스로 24시간에 한 바퀴 도는 **자전**이라는 회전 운동을 한다. 지구는 언제부터 공전과 자전을 했던 것일까?

지구의 자전과 공전은 지구를 포함한 태양계의 탄생과 관계가 있다. 약 46억 년 전에 우주를 떠다니던 가스와 먼지가 모여서 중력에 의해 서로를 끌어당기며 점점 뭉치고 작아져 갔다. 대량의 물질이 한 군데에 뭉치듯이 모이면 뜨거워지는 데, 그렇게 중심부는 고온 고압 상태가 되어 태양이라는 항성이 되었다.

그 무렵 뜨거운 가스와 먼지로 이루어진 원반이 빙글빙글 돌면서 태양을 에워싸고 있었다. 시간이 흘러 원반이 차갑게 식자 단단한 바위 같은 물체가 많이 생겨나 서로 부딪치고 합쳐져 점차 커다란 덩어리가 되었다. 그렇게 만들어진 것이 지구다. **지구는 태양 주위를 회전하던 가스와 먼지가 모여서 만들어졌다. 그때의 회전 운동이 지금도 남았는데, 그것이 바로 공전과 자전이다.**

우주는 진공이므로, **관성의 법칙(➡14쪽)**에 따라 물체는 외부에서 힘을 받지 않는 한 계속 같은 운동을 이어나간다. 따라서 지구는 탄생한 지 약 46억 년이 지난 지금도 계속 공전과 자전을 하고 있는 것이다.

지구는 관성 때문에 46억 년 전부터 회전하고 있다

▶ 태양계의 탄생과 공전의 방향

지구 등의 행성이 공전과 자전을 하는 방향은, 태양이 만들어질 때 모였던 가스의 소용돌이가 회전하던 방향 그대로 남은 것이다.

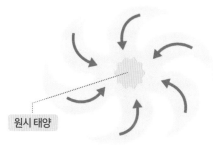

원시 태양

태양계가 만들어질 때 주위에서 소용돌이치듯이 가스가 모여들었다. 그리고 그 중심에 태양이 생겨났다.

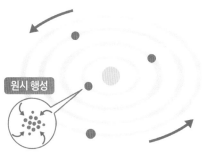

원시 행성

회전하는 소용돌이 속에서 생겨난 단단한 바위 같은 것이 서로 부딪치고 합쳐져서 점차 커다란 덩어리로 성장해갔다.

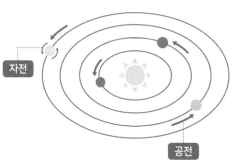

자전

공전

가스와 먼지가 모여서 지구 등의 행성이 만들어졌다. 이때 가스의 소용돌이가 하던 회전은 자전과 공전이라는 형태로 남아 있다.

28 지구는 어떻게 우주에 떠 있는 것일까?

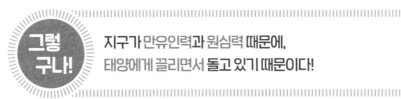

그렇구나! 지구가 **만유인력**과 **원심력** 때문에, 태양에게 끌리면서 **돌고 있기 때문이다!**

지구의 질량은 약 6,000,000,000조 톤이다. 어떻게 우주 공간에 떠 있을 수 있을까?

질문에 답하려면 먼저 **인력**을 알아야 한다. 위로 던진 공은 계속 공중에 머무르지 못하고 반드시 땅바닥에 떨어진다. 이는 공이 지구 중심을 향해 끌리기 때문이다. 질량이 있는 물체에는 서로를 끌어당기는 힘인 **만유인력**이 작용한다[그림1]. **지구와 공은 서로를 끌어당기는데**, 지구의 힘이 압도적으로 더 강해 공이 땅바닥(=지구의 중심)으로 향하는 것이다. 즉 **지구와 태양 사이에도 만유인력이 작용해 서로 끌어당기고 있는 것이다.**

이때 태양의 힘이 압도적으로 더 강하므로 지구는 태양에 끌리지만, 그렇다고 지구가 태양을 향해 그대로 돌진하지는 않는다. 지구가 태양 주위를 돌면서 **원심력(→16쪽)**을 받기 때문이다. 만유인력이라는 보이지 않는 실 끝에 지구가 매달려 태양 주위를 빙빙 돌고 있는 것과 같은 상태다[그림2]. 지구는 우주 공간에서 가만히 멈춰 있는 것이 아니라, **만유인력과 원심력을 받으며 계속 움직이고 있는 것이다.**

모든 물체에는 서로를 끌어당기는 힘인 인력이 작용한다

▶ 만유인력이란 [그림1]

질량이 있는 모든 물체는 서로를 끌어당긴다.

위로 던진 공은 지구의 만유인력에 끌려서 아래로 떨어진다.

지구의 만유인력

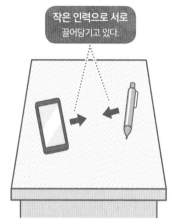

작은 인력으로 서로 끌어당기고 있다.

사물 사이에서도 인력이 작용하지만, 너무 작아서 아무 일도 일어나지 않는다.

▶ 태양과 지구는 서로 끌어당긴다 [그림2]

지구는 우주에 그냥 떠 있는 것이 아니다. 태양의 만유인력에 끌리면서 태양 주위를 돌고 있다. 태양을 향해 돌진하지 않는 이유는 원심력이 작용하기 때문이다

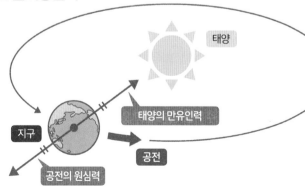

태양

지구

태양의 만유인력

공전

공전의 원심력

29 모든 것을 빨아들이는 블랙홀이란 어떤 구멍일까?

그렇구나! 지구를 지름이 2cm인 공만큼의 크기로 압축한 것 같은 높은 밀도와 엄청난 중력을 지닌 검은 구멍이다!

모든 것을 빨아들이는 **블랙홀**의 정체는 대체 뭘까?

블랙홀은 매우 밀도가 높고 무거운 천체다. 태양의 30배 이상이나 되는 무거운 별은 생을 마감할 때 **초신성 폭발**이라는 대폭발을 일으키는데, 이때 날아가 버린 외곽 부분을 제외한 중심부가 붕괴하면서 블랙홀이 만들어진다. 블랙홀의 밀도는 **지구를 지름이 2cm인 공만큼의 크기로 압축한 것**과 같다. 중력이 매우 강해서 주위에 있는 것을 모두 빨아들인다. 빛도 탈출하지 못할 정도다 보니, 우주에 뚫린 검은 구멍과 같다고 해서 블랙홀이라고 불린다[그림1].

"빛이 나지 않으면 눈에 보이지 않을 텐데 어떻게 블랙홀을 찾을 수 있는 것일까?"라는 의문이 생길지도 모르겠다. 블랙홀은 가까운 곳에 있는 항성과 함께 회전할 때가 있다. 그러면 항성에서 끌려 나온 가스가 블랙홀 주위에서 회전하며 원반이 만들어지며, 이를 **강착원반**이라고 한다. 강착원반을 이루는 가스는 블랙홀로 빨려 들어가는데, 이때 블랙홀 가장자리 온도가 매우 뜨거워져 엑스선을 발한다. 이 **엑스선을 단서 삼아 블랙홀의 존재를 관측할 수 있다**[그림2].

블랙홀은 모든 것을 빨아들인다

▶ 빛마저도 빨아들이는 블랙홀 [그림1]

블랙홀은 대단히 중력이 강해서, 한 번 빨려 들어간 것은 빛이라 해도 두 번 다시 밖으로 나올 수 없다. 빛이 없으면 눈에 보이지 않으니, 블랙홀은 망원경으로 관측할 수 없다.

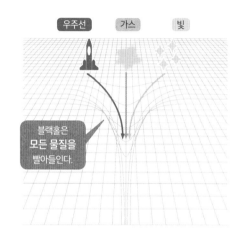

우주선　가스　빛

블랙홀은 **모든 물질을** 빨아들인다.

▶ 블랙홀의 존재를 확인하는 방법 [그림2]

블랙홀은 가까운 곳에 있는 항성에서 가스를 빨아들일 때 엑스선을 발하는데, 이를 단서 삼아 존재를 확인할 수 있다. 이와는 별개로 2019년에 5,500만 광년 너머의 은하 중심에 있는 블랙홀을 촬영하는 데 성공했다.

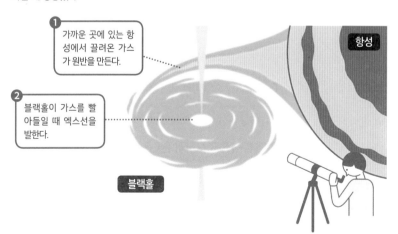

❶ 가까운 곳에 있는 항성에서 끌려온 가스가 원반을 만든다.

❷ 블랙홀이 가스를 빨아들일 때 엑스선을 발한다.

항성

블랙홀

30 별까지의 거리를 어떻게 알 수 있을까?

가까운 별은 삼각 측량 × 연주 시차로 측정한다.
먼 별은 별의 색을 비교하여 가늠한다!

아주 먼 곳에 있는 별까지의 거리를 어떻게 알 수 있을까?

지구와 가까운 별의 거리는 **삼각 측량과 연주 시차를 이용한다. 삼각 측량은 삼각형의 한 변의 길이와 두 끼인각을 알면 다른 변의 길이를 알 수 있다는 원리를 이용한 측정법**이다. 지구는 1년 동안 태양 주위를 한 바퀴 도는데, 똑같은 별이라도 하지에 보이는 위치와 동지에 보이는 위치가 서로 다르다. 이것으로 연주 시차 각도를 측정하면 태양과 지구 사이 거리를 바탕으로 별까지 거리를 계산할 수 있다[그림1]. 지구에서 100광년 이내 별은 이러한 방법으로 구한다.

더 먼 곳에 있는 별까지 거리는 **별의 색을 통해 추측한다.** 별에는 **절대 등급**(32.6광년 떨어져서 봤을 때의 밝기)이라는 기준이 있는데, 이것으로 알 수 있다(알 수 없을 때도 있다). 이 절대 등급과 겉보기 밝기를 비교해보면 별까지의 대략적인 거리를 가늠할 수 있다[그림2]. 태양계가 속한 은하는 지름이 10만 광년이나 된다. 다른 은하까지의 거리는, 그 **은하 안에서 나타나는 초신성의 밝기를 통해 구한다.** 초신성에도 절대 등급이 있는데, 이것과 겉보기 밝기를 비교함으로써 그 은하까지의 대략적인 거리를 알 수 있다.

삼각 측량과 별의 색으로 거리를 잰다

▶ 가까운 별의 거리를 재는 방법 [그림1]

비교적 가까운 곳에 있는 별까지의 거리는 삼각 측량의 원리를 이용해 구할 수 있다. 실제 연주 시차는 대단히 작은 각도다.

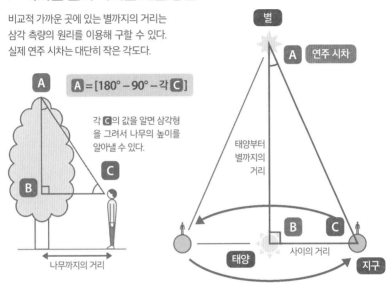

A = [180° − 90° − 각 **C**]

각 **C**의 값을 알면 삼각형을 그려서 나무의 높이를 알아낼 수 있다.

A

B

C

나무까지의 거리

별

A 연주 시차

태양부터 별까지의 거리

B **C**

사이의 거리

태양

지구

▶ 별의 절대 등급과 겉보기 밝기 [그림2]

절대 등급(밝기)이 같은 별일지라도, 가까운 곳에 있으면 밝게 보이고 먼 곳에 있으면 어둡게 보인다. 절대 등급을 겉보기 밝기와 비교함으로써 별까지의 거리를 알 수 있다.

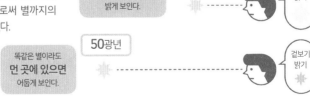

32.6광년

이 거리에서 보이는 밝기 = 절대 등급

겉보기 밝기

똑같은 별이라도 **가까운 곳에 있으면** 밝게 보인다.

20광년

겉보기 밝기

50광년

겉보기 밝기

똑같은 별이라도 **먼 곳에 있으면** 어둡게 보인다.

지구가 속한 태양계를 벗어나 우주여행을 갈 수 있을까?

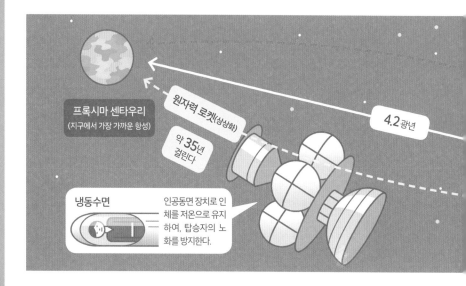

프록시마 센타우리
(지구에서 가장 가까운 항성)

원자력 로켓(상상화)

4.2광년

약 **35**년 걸린다

냉동수면

인공동면 장치로 인체를 저온으로 유지하여, 탑승자의 노화를 방지한다.

태양계에서 멀리 떨어진 항성이나 행성으로 가는 일을 **항성 간 여행**(비행)이라고 한다. 공상과학 소설에 자주 나오는 소재인데, 과연 미래에 실현할 수 있을까?

태양과 가장 가까운 항성은 프록시마 센타우리로, 지구에서 약 4.2광년 떨어져 있다. 이는 지구와 달 사이 거리보다 약 1억 배나 더 먼 거리다. 인간이 만든 가장 빠른 비행 물체는 우주탐사선 보이저 1호로 약 시속 6만km다. 이 속도로 날아간다고 해도 프록시마까지 7만 년 이상 걸린다.

1973~1978년 영국의 과학자·기술자 팀이 지구에서 약 5.9광년 떨어진 바너드별로 가는 무인 항성 간 비행 계획인 **다이달로스 계획**을 이론적으로 검토했다. 원자력 로켓을 사용해 광속의 12%까지 가속한다는 내용으로, 보이저 1호 속도의

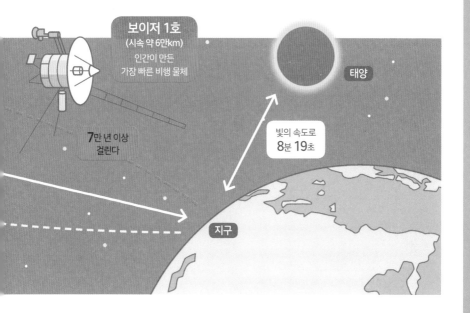

보이저 1호
(시속 약 6만km)
인간이 만든
가장 빠른 비행 물체

7만 년 이상
걸린다

태양

빛의 속도로
8분 19초

지구

약 1만 8,000배다. 단, 이렇게 해도 가장 가까운 프록시마까지 약 35년 걸린다.

설사 이 로켓에 사람이 탈 수 있다 해도, 사람의 수명을 고려하면 편도로 35년은

지나치게 긴 시간이다. 공상과학 소설을 보면 항성 간 여행 도중 나이가 들지 않

도록 캡슐 속에서 동면하는 **냉동수면**이라는 방법이 나온다. 영화 「아바타」나 「에

이리언」에서도 그런 장면을 본 적이 있을 것이다.

결국 항성 간 여행을 하려면 적어도 광속의 **10% 이상으로 날 수 있는 우주선

과 냉동수면과 같은 기술을 확립**해야 할 것이다. 하지만 둘 다 당분간은 실현되

기 어려워 보인다.

31 소리는 얼마나 먼 곳까지 전해질 수 있을까?

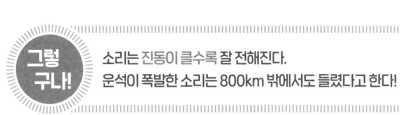

그렇
구나!

소리는 진동이 클수록 잘 전해진다.
운석이 폭발한 소리는 800km 밖에서도 들렸다고 한다!

소리는 **공기의 진동이 파동의 형태로 전해지는 것**이며, 이 진동에 의해 고막이 떨리면 소리를 들을 수 있다[그림1]. 아주 큰 소리는 강한 진동이므로 먼 곳까지 전해지지만, **소리의 파동**은 전파되면서 점차 약해지므로 한계가 있다. 그러면 소리는 대체 얼마나 먼 곳까지 전해질 수 있을까?

1908년에 시베리아 퉁구스카 지방 상공에서 일어난 운석대폭발 사건을 보자. 이때 폭발음이 **800km 떨어진 장소까지 들렸다**고 한다. 이 사건은 지름이 50~100m인 운석이 상공에서 폭발한 것이라 추정되는데, 아주 오래전에 공룡이 멸종한 원인이 된 운석은 이보다 100~200배 더 크다고 한다. 그만큼 큰 운석이 폭발하면 수천km 떨어진 곳에서도 폭발음이 들릴지도 모른다.

또한 소리는 공기 중보다 **물속에서 더 잘 전해진다.** 왜냐면 **공기보다 물의 밀도가 더 높아** 진동이 잘 전해지기 때문이다. 물속에서 사는 돌고래와 고래 등의 포유류는 소리를 이용해 동료와 의사소통한다. 특히 대왕고래 등은 사람이 거의 들을 수 없는 저음을 이용해 수백~수천km나 떨어진 동료와 연락할 수 있다고 한다[그림2].

소리는 공기가 진동하면서 전해진다

▶ 큰 소리일수록 멀리까지 전해진다 [그림1]

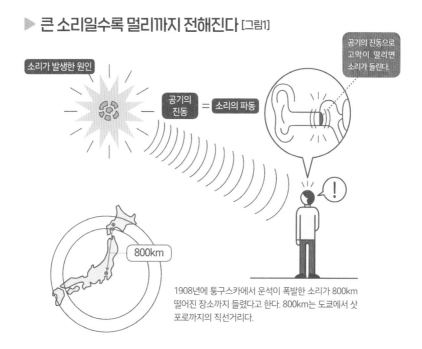

소리가 발생한 원인

공기의 진동 = 소리의 파동

공기의 진동으로 고막이 떨리면 소리가 들린다.

800km

1908년에 퉁구스카에서 운석이 폭발한 소리가 800km 떨어진 장소까지 들렸다고 한다. 800km는 도쿄에서 삿포로까지의 직선거리다.

▶ 고래는 먼 곳에 있는 동료와 저음으로 대화한다 [그림2]

대왕고래 등은 저주파음으로 물에 진동을 일으켜 수백~수천km 떨어진 동료와 연락할 수 있다.

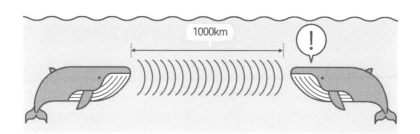

1000km

32 왜 구급차 사이렌 소리는 점점 변할까?

그렇구나! 도플러 효과에 의해 귀에 들리는
소리의 파장이 변화하기 때문이다!

사이렌 소리는 구급차가 다가올 때와 멀어질 때 각각 다르게 들린다. 왜 그럴까? **소리는 공기의 진동이 파동의 형태로 전해지기** 때문이다. 구급차가 멈춰 있다면 사이렌 소리 파동은 구급차에서 사람 귀까지 일정한 간격으로 전파된다. 시간이 지나도 소리의 높이는 일정하므로 사이렌 소리가 변하지 않는다.

구급차가 다가오고 있을 때는 사이렌 소리가 귀에 도달하기까지 걸리는 시간이 짧아진다. 예를 들어 1초에 한 번씩 소리를 낸다고 하면, 처음 소리를 냈을 때보다 1초 후에 소리를 냈을 때 구급차와 나 사이의 거리가 더 짧다. 그러면 소리 파동이 압축되어 파장이 짧아지며, **소리는 파장이 짧을수록 고음으로 들린다.** 이 것은 구급차가 '나'를 지나칠 때까지 계속 일어나므로, 구급차가 다가올 때 들리는 소리는 멈춰 있을 때보다 더 높게 들린다.

반대로 구급차가 멀어질 때는 시간이 지나면서 나와의 거리가 멀어진다. 그러면 내 귀에 도달하는 소리의 파장이 길어진다. **소리는 파장이 길수록 저음으로 들리므로,** 멀어져 가는 구급차 소리는 멈춰 있을 때보다 더 낮게 들린다. 이를 도플러 효과라고 한다.

소리는 파장에 따라 다르게 들린다

▶ 사이렌 소리의 변화

소리란 공기의 진동이 파동으로 전해지는 것으로, 파장이 짧을수록 높게 들리고 파장이 길수록 낮게 들린다.

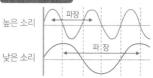

소리의 파동과 파장

높은 소리 — 파장
낮은 소리 — 파장

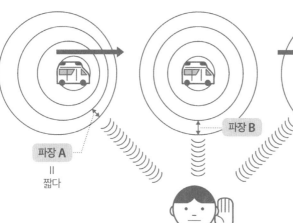

높은 소리

파장 A
=
짧다

낮은 소리

파장 B

파장 B
=
길다

다가올 때	멈춰 있을 때	멀어질 때
구급차가 다가올 때는 멈춰 있을 때보다 소리의 파장이 짧아지므로, 소리가 높게 들린다.	구급차가 멈춰 있을 때는 들려오는 소리의 파장이 일정하다.	구급차가 멀어질 때는 멈춰 있을 때보다 소리의 파장이 길어지므로, 소리가 낮게 들린다.

파장 A < 파장 B
소리가 높아진다

파장 B < 파장 C
소리가 낮아진다

33 밤에는 멀리서 나는 소리가 잘 들리는데, 기분 탓일까?

 밤에는 하늘보다 지면 근처의 공기가 더 차가워서, 소리가 수평 방향으로 굴절한다!

추운 밤에 잠시 귀를 기울이면, 먼 곳의 소리가 들릴 때가 있다. 밤에는 소음이 적어서 멀리서 나는 소리가 더 잘 들리는 것일까?

밤에 멀리서 나는 소리가 잘 들리는 현상에는 **온도**와 **소리의 굴절**이 관련되어 있다. 낮에 날씨가 화창하면 태양이 지면을 달구면서 생긴 열이 서서히 공기에도 전해져서 기온이 오른다. 그래서 지면 근처보다 하늘의 온도가 더 낮다. 반면 땅바닥은 공기보다 쉽게 식으므로, 밤이 되면 하늘보다 지면이 더 차가워진다.

소리는 기온이 서로 다른 공기층의 **경계면을 지날 때** 굴절한다. 소리가 따뜻한 공기에서 차가운 공기로 들어갈 때는 입사각보다 굴절각이 더 작아지며, 차가운 공기에서 따뜻한 공기로 들어갈 때는 입사각보다 굴절각이 더 커진다.

즉 낮에는 위로 올라갈수록 기온이 떨어지므로, 소리는 **위로 올라가는 방향으로 굴절**한다. 그 결과 소리가 하늘로 도망쳐 버려서 멀리까지 잘 전해지지 않는다[그림1]. 반대로 밤에는 위로 올라갈수록 기온이 높아지므로 소리는 **수평 방향으로 굴절**한다. 또한 소리에는 장애물 뒤로 돌아가는 '회절'이라는 성질이 있어서, 밤에는 멀리까지 소리가 잘 전해질 수 있다[그림2].

소리는 공기의 온도 차에 의해 굴절한다

▶ 낮에 소리가 나아가는 모양 [그림1]

낮에는 지상 근처의 기온이 더 높다. 그래서 소리는 하늘을 향해 도망치듯이 굴절한다.

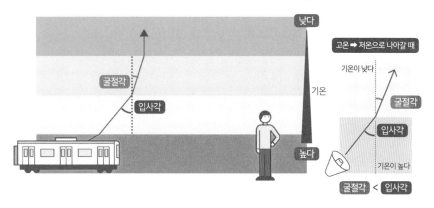

▶ 밤에 소리가 나아가는 모양 [그림2]

밤에는 지상 근처의 기온이 더 낮다. 그래서 소리는 수평 방향으로 굴절하여 멀리까지 전해진다.

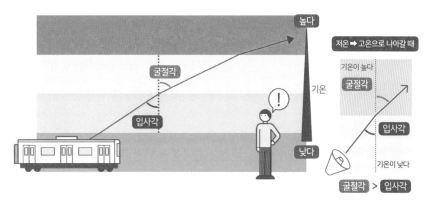

34 동물에게만 들린다고? 도대체 초음파란 무엇일까?

 사람의 귀에는 들리지 않는 주파수 영역의 소리인 초음파를 이용해 동물은 주변 상황을 파악한다!

소리는 공기의 진동으로 이루어진 파동인데, **동물에 따라 들을 수 있는 주파수(진동수)의 범위가 다르다**[그림1]. 주파수가 클수록 높은 소리가 되는데, 사람이 들을 수 있는 가청음은 주파수가 약 20~20,000헤르츠(Hz)다. **가청음보다 더 높아서 사람에게는 들리지 않는 소리를 초음파라고 한다.**

소리는 물속에서도 전해진다. 공기 중 소리는 1초에 340m 나아가지만, 물속에서는 1초에 약 1,500m 나아간다. 초음파는 가청음보다 도달할 수 있는 거리가 짧지만, 주파수가 높을수록 똑바로 나아가므로 좁은 범위에 소리를 모을 수 있다.

이 특성을 이용하는 동물이 바로 돌고래다. 돌고래는 콧구멍에 해당하는 호흡공 내부의 주름과 막을 진동시켜 초음파를 연속으로 발생시킨다. 이 초음파는 돌고래의 머리에 있는 포물면안테나 모양의 뼈에 반사되어 전방으로 똑바로 나아간다. 초음파는 물속에서 물고기 떼나 바위 등과 부딪치면 반사되어 돌아온다[그림2]. 돌고래는 **반사파를 듣고** 우리가 눈으로 사물을 보는 것처럼 물속 상황을 자세히 파악할 수 있다. 그 외에는 박쥐가 유명하지만, 개와 고양이와 쥐와 곤충 등도 초음파를 듣고 주변 상황을 살필 수 있다.

사람의 가청음보다 높은 소리가 초음파다

▶ 동물에 따라 가청음 범위가 다르다 [그림1]

수많은 동물은 인간에게는 들리지 않는 높은 소리(초음파)를 들을 수 있다.

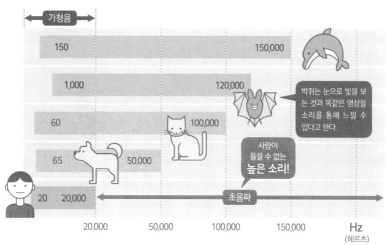

박쥐는 눈으로 빛을 보는 것과 똑같은 영상을 소리를 통해 느낄 수 있다고 한다.

사람이 들을 수 없는 **높은 소리!**

출처: https://jpn.pioneer/ja/carrozzeria/museum/oto/

▶ 돌고래는 초음파를 발사한다 [그림2]

돌고래가 발하는 초음파는 머리에 있는 포물면안테나 모양의 뼈에 반사되어 멜론이라는 기관을 통해 발사된다.

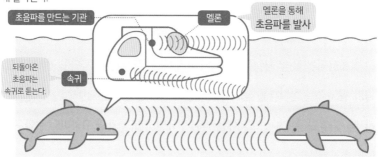

알쏭달쏭!
공상과학 특집 ⑥

실 전화기는 얼마나 길게 만들 수 있을까?

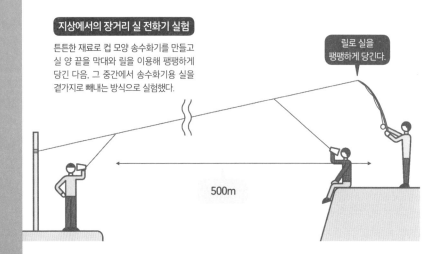

지상에서의 장거리 실 전화기 실험

튼튼한 재료로 컵 모양 송수화기를 만들고 실 양 끝을 막대와 릴을 이용해 팽팽하게 당긴 다음, 그 중간에서 송수화기용 실을 곁가지로 빼내는 방식으로 실험했다.

릴로 실을 팽팽하게 당긴다.

500m

팽팽하게 당긴 실 양 끝을 종이컵과 연결한 다음 한쪽 종이컵에다 대고 말을 하면, 다른 한쪽 종이컵에서 그 소리가 들린다. 이러한 **실 전화기**는 소리에 의한 진동이 종이컵에서 줄로 전달되어 다른 한쪽 종이컵을 진동시켜, 다시 공기의 진동을 만들어내기에 가능한 일이다. 하지만 실의 길이가 지나치게 길면 팽팽하게 당겼을 때 종이컵이 찢어지고 만다. 그래서 보통은 10~20m 정도가 한계일 것이다.

"실 전화기로 얼마나 먼 거리까지 소리를 전달할 수 있을까?"라는 의문 때문에 실제로 실험을 한 사람이 있었다. 종이보다 튼튼한 소재로 컵 모양의 송수화기를 만든 다음, 실 양 끝을 막대와 릴을 이용해서 팽팽하게 당겼다. 그리고 강하게 당긴 실의 중간에서 곁가지로 송수화기용 실을 빼내는 방식으로 실험하여, 500m 거리에서 통화하는 데 성공했다.

우주에서의 장거리 실 전화기
실 전화기와 직결된 우주복이 있다
면, 우주에서도 초장거리 실 전화기
를 실현할 수 있다.

　지구의 공기 중에서는 실을 길게 늘어뜨리면 실의 무게뿐만 아니라 바람의
영향도 받는다. 실이 길면 길수록 팽팽하게 당기기도 어려워지므로, **현실적으로
는 500m 정도가 한계일 것이다.**

　하지만 진공 상태인 우주 공간이라면 실 전화기는 몇백km든 몇천km든 길게
늘일 수 있다. **진공 속에서도 실을 통해 진동이 전해지므로,** 도중에 진동이 약해
진다 해도, 이론적으로는 귀가 한없이 밝은 사람이라면 들을 수 있다. 그러나 목
소리는 성대의 진동이 공기 중으로 전해지면서 생기는 것이며, 듣는 쪽에서도 공
기의 진동으로 귀의 고막이 떨려야 소리를 들을 수 있다. 따라서 진공 속에서는
실 전화기를 사용할 수 없다.

　단, **실 전화기와 직결된 우주복**을 입고 대화한다면 가능하다. 우주복 내부에
는 공기가 있으므로 초장거리 우주 실 전화기를 실현할 수 있을 것이다.

35 거울에 사물이 비치는 원리가 뭘까?

그렇구나! 은과 같은 빛을 잘 반사하는 물질이 규칙적인 정반사를 일으켜 사물이 비쳐 보이는 것이다!

거울에는 왜 사물의 모습이 그대로 비치는 것일까? 이를 설명하려면 **유리와 은이 지니는 성질과 빛의 반사**에 관해 알아야 한다. 우선 빛의 반사부터 살펴보자. 빛은 평평한 면에 부딪혔을 때의 각도(입사각)와 면에서 반사될 때의 각도(반사각)가 서로 같다[그림1]. 거울에 사물의 모습이 비치는 것은 사물에서 나온 빛이 거울의 매끄럽고 평평한 면에 부딪혀 규칙적으로 반사되어 돌아오기 때문이다. 이를 **정반사**라고 한다. 거울은 이 정반사를 통해 사물을 비춰낸다.

이어서 거울의 구조를 살펴보자. 거울의 표면은 평평한 유리로 이루어져 있으며, 유리 뒷면에서 들어오는 빛을 막기 위해 은이나 알루미늄 등의 **빛을 통과시키지 않는 금속 막**이 붙어 있다. 이 막이 빛을 거의 100% 반사하기에 실물처럼 밝고 선명한 상이 보이는 것이다[그림2].

참고로 창유리도 표면이 평평하고 매끄러우므로 사물을 비춰낼 수 있다. 하지만 낮에는 바깥에서 유리를 통해 들어오는 강한 빛 때문에 창유리에서 반사되어 돌아오는 빛이 잘 보이지 않는다. 하지만 밤이 되어 어두워지면 바깥에서 들어오는 빛이 줄어들므로 창유리에 비치는 자신의 모습이 비교적 잘 보인다.

거울 표면에서 빛의 입사각과 반사각은 똑같다

▶ 거울에서 빛이 반사되는 모양 [그림1]

모자에서 나온 빛, 가슴에서 나온 빛, 신발에서 나온 빛은 모두 입사각과 반사각이 똑같아지도록 규칙적으로 반사된다. 그래서 실물과 똑같이 생긴 거울상이 보인다.

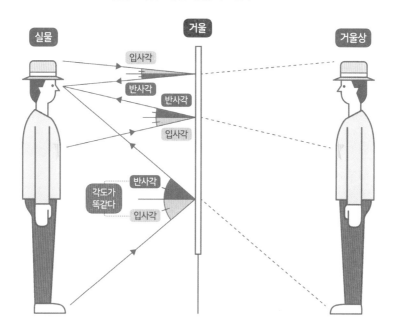

▶ 거울의 구조 [그림2]

거울은 유리와 금속의 막으로 이루어져 있다. 은과 알루미늄은 빛을 거의 100% 정반사한다.

빛은 유리 표면과 은에서 각각 반사되는데, 잘 보면 거울에는 상이 이중으로 비친다.

36 헛것이 보이는 신기루란 대체 뭘까?

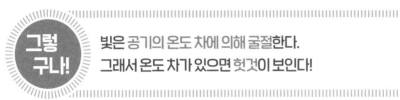

그렇구나! 빛은 공기의 온도 차에 의해 굴절한다.
그래서 온도 차가 있으면 헛것이 보인다!

신기루란 멀리 있는 사물이 원래보다 위에 있는 것처럼 보이거나, 거꾸로 보이는 현상이다. 빛은 밀도가 균일한 공기 속에서는 직진하지만, 진한 공기(온도가 낮음)와 옅은 공기(온도가 높음)를 지날 때는 **경계면에서 굴절한다.** 굴절로 보이지 않아야 할 멀리 있는 사물이 공중에 떠 있는 것처럼 보일 수 있다.

바다에서 보이는 대표적인 신기루가 **위 신기루**다. 위 신기루는 해면 근처의 공기가 차갑고 그 위에 있는 공기가 조금씩 따뜻해질 때 나타난다. 기온 차가 있는 공기층 안에서 **빛은 기온이 높은(밀도가 낮은) 쪽에서 기온이 낮은(밀도가 높은) 쪽으로 굴절**한다. 이것이 연속적으로 일어나면 빛은 휘어지듯이 나아가는데, 이때 바닷가에 있는 사람 눈에는 배가 거꾸로 뒤집힌 것처럼 보인다[그림1]. 반면 해면 근처의 차가운 공기층 안에서는 빛은 굴절하지 않으므로, 배가 원래대로 보인다. 그래서 원래 배 모습 위에 거꾸로 뒤집힌 배가 겹쳐져 보이는 것이다.

땅거울 현상도 같은 원리다. 여름날 아스팔트 도로에서 먼 곳을 바라보면 마치 노면에 물웅덩이가 있는 것처럼 보인다. 강한 햇살로 도로가 뜨거워지면서 **노면 근처에 따뜻한 공기층이 생겨 빛이 굴절하기 때문에 생기는 현상**이다[그림2].

기온 차 때문에 빛이 굴절하면서 생긴다

▶ 위 신기루가 생기는 원리 [그림1]

해면의 차가운 공기층 위에 따뜻한 공기층이 생기면 신기루가 나타난다.

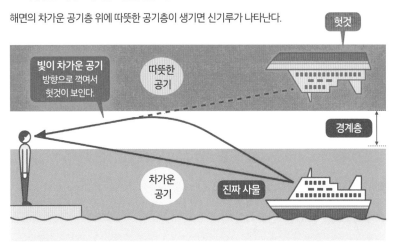

헛것

빛이 차가운 공기 방향으로 꺾여서 헛것이 보인다.

따뜻한 공기

경계층

차가운 공기

진짜 사물

▶ 땅거울의 원리 [그림2]

땅거울은 화창한 여름날에 포장도로 전방 노면에 물웅덩이 같은 것이 보이는 현상이다.

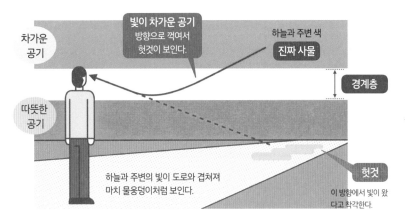

차가운 공기

빛이 차가운 공기 방향으로 꺾여서 헛것이 보인다.

하늘과 주변 색

진짜 사물

경계층

따뜻한 공기

하늘과 주변의 빛이 도로와 겹쳐져 마치 물웅덩이처럼 보인다.

헛것

이 방향에서 빛이 왔다고 착각한다.

37 애초에 빛이란 무엇일까?

그렇 구나! 빛은 전자기파다. 사람 눈에 보이는 가시광선뿐만 아니라 사람 눈에 보이지 않는 빛도 있다!

빛의 속도는 약 초속 30만km로, 1초에 지구를 7바퀴 반이나 돌 수 있다. 빛의 정체는 **전자기파**라 불리는, 에너지를 지닌 파동이다. 전자기파 중 사람이 눈으로 볼 수 있는 것을 빛 혹은 **가시광선**이라고 부른다.

눈으로 볼 수 있는 '전자기파'의 조건은 무엇일까? 전자기파의 '파'는 파동을 뜻한다. 파동 형태는 산이 계속 이어져 있는 모양인데, 산의 정상에서 다음 정상까지 거리가 파장이다[그림1]. 우리는 **파장이 약 400~700나노미터(nm)인 파동을 눈으로 볼 수 있으며, 이를 빛이라고 느낀다.**

우리가 눈으로 볼 수 있는 빛은 파장에 따라 빨간색에서 보라색까지 7가지 색으로 나눌 수 있다[그림2]. 빨간색이 가장 파장이 길며 빨강, 주황, 노랑, 초록, 파랑, 남색, 보라 순으로 파장이 점점 짧아진다. 가시광선 파장은 몹시 짧은데, 그중에서 가장 긴 빨간색이 700nm고 가장 짧은 보라색이 400nm 정도다.

보라색보다 파장이 짧은 전자기파는 자외선, 엑스선, 감마선이다. 빨간색보다 파장이 긴 전자기파는 적외선과 전파다. 이러한 전자기파는 광자(포톤)라는 기본입자(➡210쪽)가 공간 속을 날아가면서 전해진다고 한다.

빛은 파장의 길이에 따라 색이 달라진다

▶ 파동과 파장 [그림1]

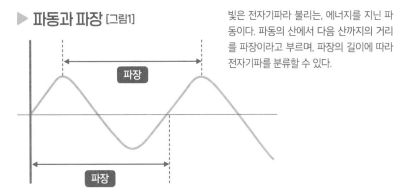

파장

파장

빛은 전자기파라 불리는, 에너지를 지닌 파동이다. 파동의 산에서 다음 산까지의 거리를 파장이라고 부르며, 파장의 길이에 따라 전자기파를 분류할 수 있다.

▶ 전자기파와 가시광선의 파장 [그림2]

일반적으로 빛이라 부르는 것은 전자기파의 일종인 가시광선이다. 가시광선보다 파장이 짧은 것으로는 자외선, 엑스선, 감마선이 있다. 가시광선보다 파장이 긴 것으로는 적외선, 전파가 있다.

마이크로미터 나노미터
1μm=1,000nm

밀리미터 마이크로미터
1mm=1,000μm

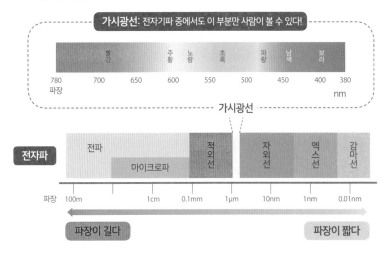

가시광선: 전자기파 중에서도 이 부분만 사람이 볼 수 있다!

| 빨강 | 주황 | 노랑 | 초록 | 파랑 | 남색 | 보라 |

| 780 | 700 | 650 | 600 | 550 | 500 | 450 | 400 | 380 |

파장   nm

가시광선

전자파

| 전파 | 적외선 | 자외선 | 엑스선 | 감마선 |
| 마이크로파 |

파장 100m   1cm 0.1mm 1μm 10nm 1nm 0.01nm

파장이 길다   **파장이 짧다**

38 무지개의 정체는 무엇일까? 어떻게 생겨나는 것일까?

원래 7가지 색으로 이루어진 햇빛이 물방울을 통과하면서 나뉘어 보이는 것이다!

비가 그치면 하늘에 무지개가 뜰 때가 있다. 혹은 마당에 물을 뿌릴 때 작은 무지개가 보이기도 한다. 무지개의 정체는 대체 뭘까?

무지개란 햇빛이 물방울을 통과하면서 **굴절되고 반사됨으로써 7가지 색으로 나뉘어 보이는 현상**이다. 바로 빨강, 주황, 노랑, 초록, 파랑, 남색, 보라이다. 평소 우리 눈에 보이는 햇빛은 이 색들이 합쳐져 흰색(무색)으로 보이는 것이다. 이러한 햇빛이 비가 그친 후에 **공기 중에 떠다니는 물방울을 통과하면 7가지 색으로 나뉘어** 보인다[그림1].

햇빛이 나뉘는 건 **프리즘**을 이용해 확인할 수 있다. 프리즘은 빛의 굴절, 분산, 반사 등을 확인하기 위한 도구인데, 유리나 수정으로 만들어진 삼각기둥이다. 프리즘을 통과하면 햇빛은 굴절과 반사를 통해 7가지 색으로 나눠진다[그림2]. 대기 중에서는 **물방울이 프리즘과 같은 역할을 해서 무지개를 만들어낸다.**

'물방울로 들어가는 빛'과 '물방울에서 나오는 빛'은 [그림1]처럼 약 40도의 각도를 이룬다. 이 각도는 7가지 색에 따라 조금씩 다르다. 원래 한 가지 색(무색)으로 보이던 빛이 분해되어 무지개라는 형태로 눈에 비치는 것이다.

굴절과 반사 때문에 빛이 나뉘어 보인다

▶ 무지개가 만들어지는 원리 [그림1]

햇빛이 공기 중에 떠 있는 작은 물방울 속을 통과할 때 굴절과 반사가 일어나 7가지 색으로 나뉘어 무지개로 보인다. 그래서 무지개는 태양과 반대 방향에 나타난다.

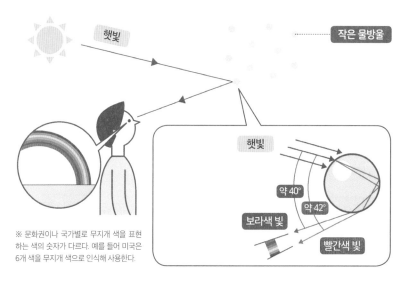

※ 문화권이나 국가별로 무지개 색을 표현하는 색의 숫자가 다르다. 예를 들어 미국은 6개 색을 무지개 색으로 인식해 사용한다.

▶ 프리즘으로 햇빛 분해하기 [그림2]

프리즘에 햇빛을 통과시키면 7가지 색의 빛으로 나뉜다. 무지개에서는 작은 물방울이 빛을 분해하는 프리즘과 같은 역할을 한다.

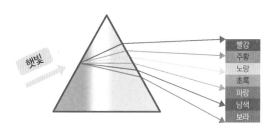

39 왜 하늘과 바다는 푸르게 보일까?

그렇구나! 파란색은 대기 중에서 산란되기 쉽다.
이 산란된 빛이 우리 눈에 보이기 때문이다!

하늘은 공기, 바다는 물로 이루어져 있다. 가까이서 보면 투명한데, 왜 멀리서는 푸르게 보이는 것일까? 하늘은 햇빛에 빨강, 주황, 노랑, 초록, 파랑, 남색, 보라라는 7가지 색이 섞여 하얗게 보이는데, 각각의 색은 파장이 다 다르다(➡110쪽). 햇빛은 공기 중에서 산소와 질소 등 입자와 부딪혀 여러 방향으로 흩어지는 **산란**이 일어나는데, **파란색·보라색은 파장이 짧아 산란되기 더 쉽다**[그림1]. 산란된 파란색과 보라색 빛이 우리 눈에 들어와 하늘이 파랗게 보이는 것이다.

저녁노을이 빨간 이유는 해가 서쪽으로 지면서 햇빛이 지면에 대해 비스듬히 내리쬐기 때문이다. 태양에서 지면까지 빛이 나아가야 하는 거리가 멀어지면서 햇빛이 공기층을 더 오랫동안 통과하게 된다. 파란색 빛은 공기 입자와 부딪혀 산란되므로, **산란되지 않고 지면에 도달한 붉은 빛이 주로 보이는 것이다.**

바다가 푸른 것은 바다가 하늘의 빛을 반사해 푸르게 보이는 것도 있지만, **물 분자에 빨간색 빛을 흡수하는 성질이 있어서다.** 7가지 색 중 빨간색이 물에 흡수되어 버린다. 반면 파란색 빛은 흡수되지 않고 나아가다 물 입자와 부딪혀 산란된다. 그래서 바다가 푸르게 보이는 것이다[그림2].

빨간색은 산란되기 어렵고 파란색은 산란되기 쉽다

▶ 파란색 빛은 산란되기 쉽다 [그림1]

파란색 빛은 파장이 짧아서 공기 입자와 부딪혀서 산란되기 쉽다. 반대로 파장이 긴 빨간색 빛은 공기 입자와 잘 부딪히지 않아서 산란되기 어렵다.

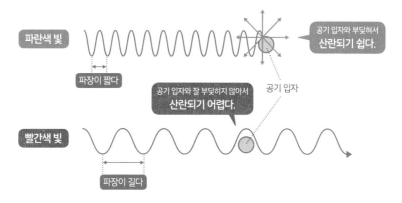

파란색 빛

파장이 짧다

공기 입자와 부딪혀서 **산란되기 쉽다.**

공기 입자와 잘 부딪히지 않아서 **산란되기 어렵다.**

공기 입자

빨간색 빛

파장이 길다

▶ 물은 빨간색 빛을 흡수한다 [그림2]

햇빛 중 빨간색은 물에 흡수된다. 흡수되지 않고 산란된 파란색 빛이 우리 눈에 들어온다. 이에 더해 하늘의 빛(산란된 파란색 빛)도 반사하므로 바다는 파랗게 보인다.

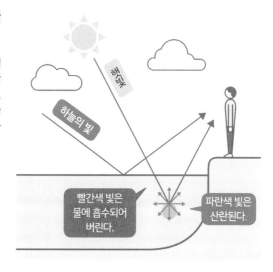

햇빛

하늘의 빛

빨간색 빛은 물에 흡수되어 버린다.

파란색 빛은 산란된다.

40 적외선이란 무엇일까? 어떤 성질을 지녔을까?

눈에 보이지는 않지만, 피부로 느낄 수 있는 빛이다.
열을 전달하며 가시광선과 성질이 비슷하다!

적외선을 이용하는 전자제품이 많은데, 적외선은 어떤 성질을 지니고 있을까?

가시광선은 파장에 따라 빨간색부터 보라색까지 있으며, 그중에서 가장 파장이 긴 것은 빨간색이다(➡110쪽). 빨간색보다 파장이 긴 전자기파는 눈으로 볼 수 없는데, 그중 일부가 적외선이다[그림1]. 눈에는 보이지 않지만 우리는 평소에 적외선을 느끼고 있다. 햇볕을 쬐면 따뜻한 이유가 바로 태양에서 나오는 적외선 때문이다. 즉 **적외선에는 열을 전달하는 성질이 있다.**

적외선은 [그림1]처럼 파장에 따라 **근적외선, 중적외선, 원적외선**으로 나눌 수 있다. 이 중에서 근적외선은 빨간색 가시광선과 파장이 비슷하고 성질도 가시광선과 유사하기에, TV 리모컨이나 적외선 카메라 등에 이용된다.

TV 리모컨 버튼을 누르면 리모컨에서 적외선이 나와, TV 본체에 있는 수신 부분에 도달하면 TV를 조작할 수 있다[그림2]. 적외선은 장애물을 뚫고 지나갈 수 없는데, 예를 들어 종이 한 장으로도 적외선을 막을 수 있다. 리모컨에 적외선을 쓰는 것은, 전파를 사용하면 옆방이나 이웃집에 있는 TV를 오작동시킬 수 있기 때문이다.

적외선은 파장에 따라 3가지로 나뉜다

▶ 적외선의 파장과 분류 [그림1]

적외선은 가시광선보다 파장이 긴 전자기파다. 파장에 따라 근적외선, 중적외선, 원적외선으로 나눌 수 있다.

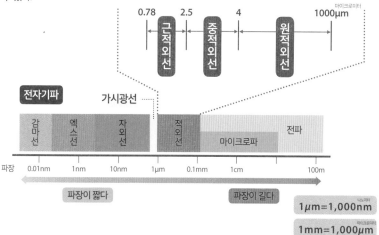

▶ 적외선을 이용한 리모컨 [그림2]

리모컨 버튼을 누르면 적외선 신호가 나와 TV의 적외선 센서가 이를 감지한다. 적외선을 펄스화(짧게 점멸)해서 신호 패턴을 만들면, 수신부에서 이를 읽어들여 전원을 켜거나 채널을 바꾸는 등의 동작을 한다.

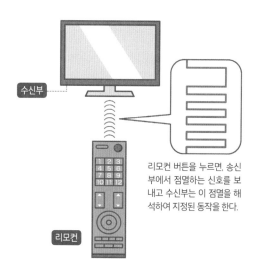

리모컨 버튼을 누르면, 송신부에서 점멸하는 신호를 보내고 수신부는 이 점멸을 해석하여 지정된 동작을 한다.

41 피부가 타는 원인이라고?
자외선은 어떤 빛일까?

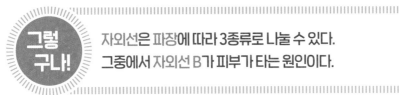

그렇구나! 자외선은 파장에 따라 3종류로 나눌 수 있다.
그중에서 자외선 B가 피부가 타는 원인이다.

자외선은 피부가 타는 원인으로 알려져 있는데, 어떤 성질을 지닌 빛일까?

사람이 눈으로 볼 수 있는 가시광선은 파장에 따라 빨간색부터 보라색까지 있으며, 그중에서 가장 파장이 짧은 것은 보라색이다(➡110쪽). **보라색보다 파장이 짧은 빛을 자외선**이라고 하는데, 이는 눈으로 볼 수 없다.

자외선은 파장(➡110쪽)이 긴 순으로 **자외선 A(UVA), 자외선 B(UVB), 자외선 C(UVC)**, 3가지가 있다[그림1]. 자외선 C는 오존층에 막혀 들어오지 못하며, 지상에 닿는 것은 자외선 A와 자외선 B다. 두 자외선은 인체에 다양한 영향을 끼친다.

자외선 B를 많이 쬐면 피부가 새빨개지고 물집이 생기며, 나중에는 피부가 까매진다. 피부 세포가 자외선을 흡수하는 검은 색소인 멜라닌을 많이 만들어내기 때문이다. 자외선 A는 피부를 빠르게 태우지는 않지만, 피부를 천천히 까맣게 만들며 주름과 피부 늘어짐의 원인이 되기도 한다.

이처럼 자외선은 몸에 해로운 영향을 많이 끼치지만, 반면 **비타민D를 만드는 작용**도 한다. 일본 비타민학회에 따르면 여름에는 30분, 겨울에는 1시간 정도 햇볕을 쬐면 충분한 효과를 얻을 수 있다고 한다.

자외선에는 자외선 A, 자외선 B, 자외선 C가 있다

▶ 자외선의 파장과 분류 [그림1]

지상에 도달하는 자외선은 자외선 A와 자외선 B다. 이 2가지가 생물의 건강 등에 영향을 미친다.

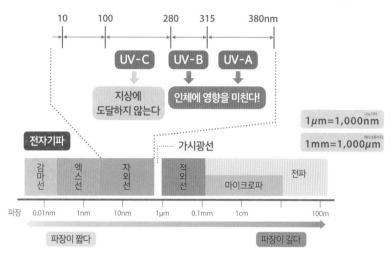

▶ 자외선이 피부에 끼치는 영향 [그림2]

자외선 B는 피부의 표피에 이르러 멜라닌을 증가시켜 피부가 타는 원인이 된다. 자외선 A는 피부 깊은 곳에 있는 진피층까지 침투해 콜라겐과 엘라스틴을 파괴하여, 주름과 피부 늘어짐의 원인이 된다.

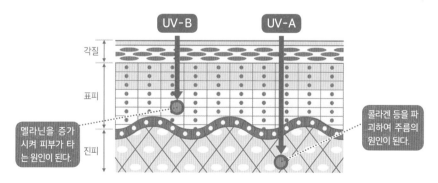

42 엑스선 검사를 하면 왜 몸이 비춰 보일까?

그렇구나! 엑스선은 가시광선보다 강한 전자기파로, 사물을 뚫고 지나간다. 이 성질을 이용해서 인체를 투시할 수 있다!

왜 엑스선 검사를 하면 인체가 투명하게 비춰 보이는 것일까? **엑스선은 가시광선과 마찬가지로 전자기파의 일종**(➡ 110쪽)으로 **사물을 뚫고 지나가는**(투과하는) 성질이 있다. 이를 이용해 인체를 투시하는 것이 엑스선 촬영(검사)이다. 반면 가시광선은 사물을 투과하지 못하는데, 이는 **엑스선이 지닌 에너지가 가시광선보다 크기 때문**에 생긴다.

모든 사물은 원자로 이루어져 있다. 원자 중심에는 원자핵, 그 주위에는 전자가 있다. 가시광선은 원자와 부딪히면 전자에게 붙잡히지만, 에너지가 강한 엑스선은 전자에게 붙잡히지 않은 채 **원자핵과 전자 사이를 뚫고 지나갈 수 있다.**

엑스선도 모든 물체를 투과할 수 있는 것은 아니다. 인체 중 피부와 근육 등 수분이 많은 곳은 뚫고 지나갈 수 있지만, 뼈처럼 내부가 꽉 차 있는 조직은 투과하지 못한다. 엑스선 촬영에서 검게 나온 부분은 엑스선이 투과한 부분이고 하얀 부분은 그러지 못한 부분이므로, 뼈와 다른 조직을 구분할 수 있다[그림1]. CT 촬영도 기본적으로는 같은 방식으로, 엑스선관이 몸 주위를 회전하면서 촬영한 사진을 화상 처리하여 살펴보는 검사다[그림2].

엑스선은 사람 몸의 **뼈**를 투과하지 못한다

▶ 엑스선 촬영의 원리 [그림1]

엑스선관에서 나온 엑스선이 몸을 뚫고 지나가 필름에 그림자 같은 상을 비쳐낸다.

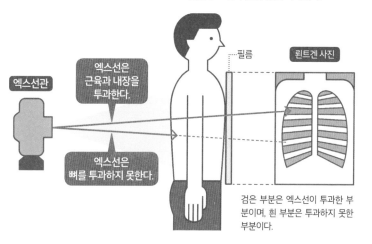

엑스선관

엑스선은 근육과 내장을 투과한다.

엑스선은 뼈를 투과하지 못한다.

필름

뢴트겐 사진

검은 부분은 엑스선이 투과한 부분이며, 흰 부분은 투과하지 못한 부분이다.

▶ CT 촬영의 원리 [그림2]

CT 촬영은 엑스선관이 몸 주위를 회전하면서 촬영한다. 이 그림처럼 엑스선관이 나선을 그리며 회전하는 방식을 헬리컬 스캔이라고 부른다.

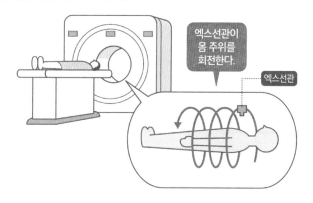

엑스선관이 몸 주위를 회전한다.

엑스선관

43 복사기는 어떻게 서류를 똑같이 베껴내는 것일까?

그렇구나! 빛과 정전기를 이용해 정확히 복사한다!

복사기를 사용하면 서류를 정확히 복사할 수 있다. 일상적으로 사용하는 도구지만, 대체 어떤 원리로 동작하는 것일까?

복사기는 우선 카메라처럼 렌즈를 이용해 원고에 쓰인 내용을 렌즈 아래에 있는 **감광체**라는 부분에 기록한다. 감광체는 **빛이 없을 때는 표면에 정전기를 띠지만, 빛을 받으면 정전기가 사라지는 성질이 있는** 부품이다.

감광체의 표면은 음전하로 대전되어 있으며, 그곳에 원고에서 나온 빛을 쬐어준다. 원고의 흰 부분에서 나온 강한 빛을 받은 곳은 정전기가 사라져 버리지만, 검은 부분에서 나온 약한 빛을 받은 곳은 정전기가 남아 있다.

여기에 토너를 뿌린다. **토너는 탄소와 플라스틱으로 이루어진 미세한 가루로, 양전하로 대전되어 있다.** 그래서 감광체의 음전하가 남아 있는 곳(원고의 검은 부분에서 나온 빛을 받은 곳)에 달라붙는다.

이제 **감광체에 달라붙은 토너를 다시 정전기를 이용해서 종이에 옮긴다.** 그리고 토너가 종이에서 떨어지지 않도록 열을 가해 달라붙게 만든다. 이러한 과정을 거쳐 복사기에서 원고를 복사한 종이가 나오는 것이다.

정전기를 이용해서 복사한다

▶ 복사기의 원리

복사기의 감광체는 빛을 받지 않은 부분에 음전하가 남는다(❶ + ❷). 그곳에 양전하를 띤 토너가 달라붙는다(❸).

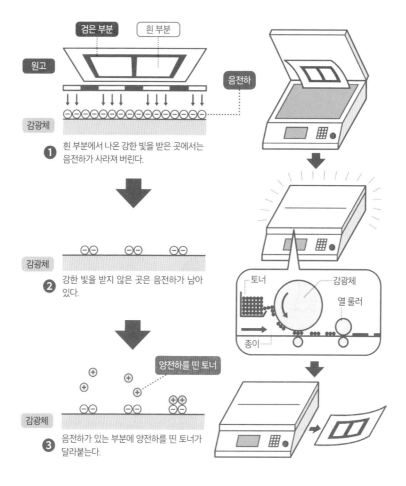

검은 부분　흰 부분

원고

음전하

감광체

❶ 흰 부분에서 나온 강한 빛을 받은 곳에서는 음전하가 사라져 버린다.

감광체

❷ 강한 빛을 받지 않은 곳은 음전하가 남아 있다.

양전하를 띤 토너

감광체

❸ 음전하가 있는 부분에 양전하를 띤 토너가 달라붙는다.

토너　　감광체

열 롤러

종이

Q 정전기에 감전돼서 죽을 수도 있을까?

있다   or   없다

공기가 건조한 겨울에 실내에서 문손잡이를 잡으면 손가락에 찌릿 하는 느낌이 들 때가 있다. 정전기 때문이다. 갑자기 정전기가 튀면 깜짝 놀라서 심장에 안 좋을 것 같은데, 혹시 정전기에 감전되어 죽을 수도 있을까?

정전기란 무엇일까? 어떤 물질에 정전기가 쌓여 양전하나 음전하를 띠는 일을 **대전**이라고 한다. 대전된 상태에서 금속 재질 문손잡이를 잡으면, 몸에 쌓여 있던 전기가 단숨에 손가락 끝을 통해 문손잡이로 흘러간다. 대전된 물체에서 전기가 흐르는 현상을 **방전**이라고 하며, 이게 정전기가 튀는 현상이다.

전기의 강도는 **전압**과 **전류**로 나타낼 수 있다. 전압과 전류를 강에서 흐르는 물로 비유하면 전압은 물이 흐르는 곳의 높이 차, 전류는 흐르는 물의 양에 해당한다. 설사 높이 차가 크더라도 흐르는 물의 양이 아주 적다면 몸이 받는 충격은 작겠지만, 반대로 높이 차가 작더라도 대량의 물이 흐른다면 큰 충격을 받을 것이다. 즉 **인체에 대한 영향은 전압이 아니라 전류로 결정된다.**

옷에 쌓인 정전기가 방전될 때는 전압이 수천 볼트에 이른다. 하지만 전류는 수 마이크로암페어라는 대단히 작은 값이므로, 순간적으로 불쾌할 뿐이지 충격을 받아 죽지는 않는다. 다만 감전되어 죽을 위험이 있는 강력한 정전기도 있다. 바로 벼락이다(➡72쪽).

벼락은 정전기

적란운 아래쪽에 쌓인 음전하에 의해 지면에 양전하가 모여서 벼락이 떨어지기 쉬워진다.

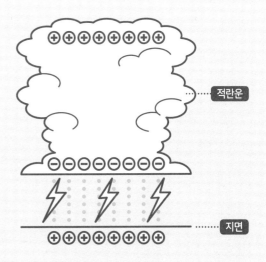

적란운

지면

벼락의 전압은 수천만~2억 볼트이며, 전류는 수만~수십만 암페어에 달한다고 한다. 짧은 순간이라도 이렇게 강한 전압과 전류를 받으면 감전되어 죽을 수 있다. 그래서 정답은 '있다(벼락 수준의 정전기라면)'다.

44 전지는 어떻게 전기를 만들어낼까?

그렇구나! 전해액 속에 전선으로 이어진 전극 2개를 넣어 전기를 일으킨다!

묽은 염산 안에 전선으로 이어진 구리판과 아연판을 넣으면 전기가 발생한다. 이 때 묽은 염산과 같은 역할을 하는 액체를 **전해액**이라고 부르며, 구리판과 아연판은 **전극**이라고 한다. 즉 전지는 전해액과 전극으로 이루어지며, 이를 가지고 다니기 편하도록 통에 담은 것이 건전지다.

전기가 발생하는 원리를 조금 더 자세히 살펴보자. 모든 물질은 원자로 이루어져 있으며, 전극인 아연판도 수많은 아연 원자가 모인 것이다. 이 아연 원자는 **음전하를 띤 전자라는 입자**를 지닌다. 구리는 묽은 염산에 녹지 않지만, 아연은 녹는다. 그래서 아연판에서는 아연 원자가 전자를 2개씩 버리고 양전하를 띤 이온이 되어 녹아 나온다. 이 버려진 전자는 전선을 따라 구리판 쪽으로 이동한다. 염산 안에는 양전하를 띤 수소 이온이 포함되어 있는데, 이 수소 이온이 구리판 쪽으로 흘러온 전자를 받아 수소가 된다. 양전하를 띤 수소 이온과 음전하를 띤 전자가 합쳐진다는 뜻이다.

구리판에서 전자가 없어지면 또 아연판에서 전자가 이동해온다. 이런 식으로 **끊임없이 전자가 흐름으로써 전기가 만들어지는**(전류가 흐르는) 것이다.

전극에서 생겨난 전자의 흐름이 전기가 된다

▶ 전지의 구조

전지는 전해액과 전극 2개로 구성된다. 염산, 아연, 구리가 화학 반응을 일으켜서 생겨난 전자가 끊임없이 이동함으로써 전류가 흐른다.

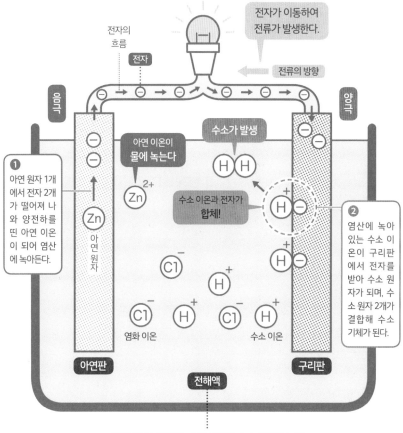

전자가 이동하여 전류가 발생한다.

전자의 흐름

전자

전류의 방향

음극

양극

수소가 발생

아연 이온이 물에 녹는다

Zn 2+

❶ 아연 원자 1개에서 전자 2개가 떨어져 나와 양전하를 띤 아연 이온이 되어 염산에 녹아든다.

H H

수소 이온과 전자가 합체!

Zn

아연 원자

❷ 염산에 녹아 있는 수소 이온이 구리판에서 전자를 받아 수소 원자가 되며, 수소 원자 2개가 결합해 수소 기체가 된다.

Cl⁻

H⁺

Cl⁻   H⁺   Cl⁻   H⁺

염화 이온

수소 이온

아연판

구리판

전해액

전해액(묽은 염산)에는 염화 이온과 수소 이온이 녹아 있다. 구리는 염산에 녹지 않지만, 아연은 녹는다.

45 발전소에서 만들어진 전기가 도착하는 데 걸리는 시간은?

전선에는 자유 전자가 가득해서,
스위치를 누르면 **즉시** 전기가 흐른다!

발전소에서 만들어낸 전기가 일반 가정집까지 도달하기까지 시간이 얼마나 걸릴까? 답은 **즉시**다.

전선 내부에는 **자유 전자**가 가득 들어 있다. 자유 전자란 금속 등의 물질 내부에서 자유롭게 움직이며 전기를 전달하는 역할을 하는 전자다. 전자제품의 스위치를 켜면, **자유 전자가 움직여서 전기의 흐름이 되어 순식간에 전력이 공급된다.**

그러면 발전소는 언제 얼마만큼이나 전기를 만들까? 발전소에서 만드는 전기는 전류의 방향이 1초에 수십 번이나 바뀌는 **교류**다[그림2]. 이때 1초 동안 전류의 방향이 바뀌는 횟수를 **주파수**라고 하며, 헤르츠 단위로 나타낸다.

발전량이 소비량보다 커지면 전압과 주파수가 높아지며, 소비량이 발전량보다 커지면 전압과 주파수가 낮아진다. 만약 발전량과 소비량의 균형이 무너져서 어느 한쪽이 극단적으로 커지면 가전제품이 망가지고 만다. 그래서 전력 회사는 '한겨울의 추운 날에는 난방 기구를 많이 쓸 것이다'라는 식으로 소비량을 예측하여, 발전소의 출력을 적절히 제어함으로써 전압과 주파수를 조절한다.

발전소에서 전기를 만드는 방식

▶ 전기는 모아둘 수 없다 [그림1]

전기는 모아둘 수 없으므로 발전소에서는 소비량을 예측하여 발전한다.

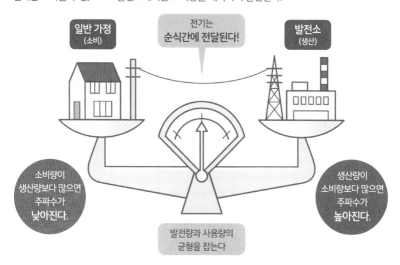

▶ 직류와 교류 [그림2]

전류에는 직류(방향이 일정한 전류)와 교류(방향이 빈번하게 바뀌는 전류)가 있다.

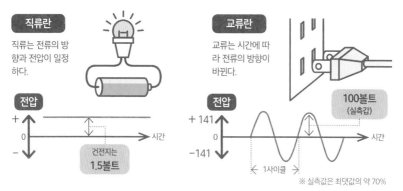

46 LED는 일반적인 전구와 뭐가 다른 것일까?

전구는 열에 의해 빛을 내지만,
LED는 전기가 부딪쳐서 발광한다!

LED는 백열전구나 형광등보다 작은 전력으로 빛을 내는 데다 수명도 길어서 널리 쓰이고 있다. 물체가 스스로 빛을 내는 일을 **발광**이라고 하는데, LED와 보통 전구(백열전구)는 발광 방식이 다르다.

전구는 열에 의해 발광한다. 예를 들어 전기난로를 켜면 전류에 의해 니크롬선이 뜨거워진다. 처음에는 어두운 빨간색이지만, 계속 온도가 오르면 더 밝은 빨간색 빛을 낸다. 이처럼 금속을 가열해 일정 온도 이상이 되면 밝은 빛을 낸다. 전구는 안에 있는 필라멘트라는 금속 선에 전류를 흘려 가열함으로써 빛을 낸다 [그림1].

LED는 **발광 다이오드**라고도 부르는데, **p형**과 **n형**이라는 2종류의 반도체를 붙인 것이다. 반도체는 조건에 따라 전기를 흘리기도 하고 흘리지 않기도 하는 고체 물질을 말한다. p형 반도체에서는 양전하가 흐르며, n형 반도체에서는 음전하가 흐른다. LED를 켜면 p형 반도체와 n형 반도체 경계면에서 **양전하와 음전하가 부딪쳐서 생긴 에너지가 빛으로 변해 발광**한다[그림2]. 즉 전구처럼 열로 발광하는 것이 아니다.

LED에서는 반도체의 접합면이 발광한다

▶ 전구의 구조 [그림1]

전구 안에 있는 니크롬선이 뜨거워지면 노란색~흰색으로 발광한다

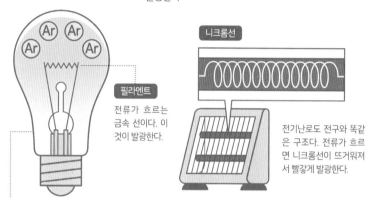

니크롬선

필라멘트
전류가 흐르는 금속 선이다. 이 것이 발광한다.

전기난로도 전구와 똑같은 구조다. 전류가 흐르면 니크롬선이 뜨거워져서 빨갛게 발광한다.

필라멘트의 수명을 늘리기 위해 유리 내부에는 아르곤(Ar) 등이 들어 있다.

▶ LED의 구조 [그림2]

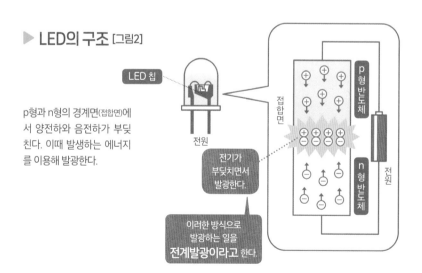

p형과 n형의 경계면(접합면)에서 양전하와 음전하가 부딪친다. 이때 발생하는 에너지를 이용해 발광한다.

LED 칩

전원

접합면

p형 반도체

n형 반도체

전원

전기가 부딪치면서 발광한다.

이러한 방식으로 발광하는 일을 **전계발광**이라고 한다.

Q 자전거 발전기로 스마트폰을 100% 충전할 수 있을까?

충전할 수 있다 or 충전할 수 없다

자전거에는 전등을 켜기 위한 다이너모(발전기)를 달 수 있다. 이 발전기를 이용하면 공짜로 스마트폰 충전을 할 수 있을 것 같은데, 실제로는 어떨까? 온종일 자전거를 타면 스마트폰을 충전하는 데 충분한 전기를 얻을 수 있을까?

옛날에는 자전거 앞바퀴와 접촉해 돌아가는 형태의 **발전기**가 주류였지만, 최근에는 앞바퀴 차축 부분에 내장된 형태가 많다. 둘 다 **전자기 유도**를 이용한 것으로, 기본적인 구조는 발전소에서 사용하는 것과 똑같다(➡140쪽).

밤에 자전거를 타보면 알 수 있겠지만, 빨리 달릴수록 전등이 밝게 빛난다. 즉 **발전기를 빠르게 돌릴수록 더 큰 전류를 만들어낼 수 있다**는 뜻이다. 이미 스마

자전거 다이너모(발전기) 구조

코일

자석

자석이 회전한다

자전거의 다이너모(발전기)는 바퀴가 회전하면 코일 안쪽에 있는 자석이 함께 회전해서 전류를 만들어낸다.

트폰 충전에도 활용되고 있으며, 스마트폰 충전기와 연결할 수 있는 발전기도 팔리고 있다.

자전거 발전기로 스마트폰을 완전히 충전해보는 실험을 한 사람이 있었다. 하지만 30분 만에 배터리를 15%까지 충전한 시점에서 다리가 아파 포기하고 말았다고 한다. 이 발전기는 매초 1.5회전 이상 연속으로 돌리지 않으면 충분한 전력을 얻을 수 없기에, 그냥 자전거를 탈 때처럼 쉬엄쉬엄 돌릴 수는 없다는 점이 큰 장벽이다.

앞의 실험 결과를 보면 알 수 있듯이, 이론적으로는 온종일 발전기를 돌리면 스마트폰을 완전히 충전시킬 수 있다. 다만 30분 동안 돌려도 15%밖에 충전되지 않았다고 하니, 체력이 굉장히 좋아야 할 것이다.

47 모터란 무엇일까? 왜 전기를 흘리면 움직일까?

자석과 전자석의 서로 당기는 힘과 반발하는 힘으로 코일을 돌려 회전력을 낳는다!

장난감, 자동차, 전철 등의 제품에 이용하는 모터는 어떤 방식으로 동력을 만들어내는 것일까? 모형 공작 등에 쓰이는 일반적인 모터는 **영구자석** 2개 사이에 코일이 들어 있는 구조다. 코일은 에나멜선 등의 전선을 돌돌 감은 것으로, 전류를 흘리면 전자석이 된다. 모터는 **영구자석과 전자석이 서로 당기는 힘과 반발하는 힘을 이용**해 코일을 회전시켜 동력을 낳는다.

모터는 계자석(영구자석 2개), 코일(전자석), 브러시, 정류자, 4가지 부품으로 이루어졌다. 이 중에서 정류자를 살펴보면 모터가 회전하는 이유를 알 수 있다. 우선 왼쪽에서 온 전류가 브러시 → 정류자 → 코일로 흘러가, 전자석이 된 코일의 오른쪽 그림 A(녹색) 부분이 N극이 된다. N극은 계자석의 S극 방향으로 힘을 받아 회전력이 발생한다[오른쪽 그림 ①].

코일은 그대로 **관성**에 의해 회전하여[오른쪽 그림 ②], 정류자가 다시 브러시와 접촉하면 좀 전과는 반대 방향으로 전류가 흐른다[오른쪽 그림 ③]. 코일의 A 부분은 S극이 되어 계자석의 S극과 반발하고 N극 방향으로 힘을 받아 회전한다. 이런 과정을 계속 반복함으로써 모터는 계속 돌아갈 수 있다.

코일의 S극과 N극은 계속 바뀐다

▶ 모터의 구조

모터는 코일이라는 전자석의 S극과 N극이 계속 바뀌면서 영구자석과 서로 끌어당기는 힘과 반발하는 힘을 이용해 회전력을 만든다.

①

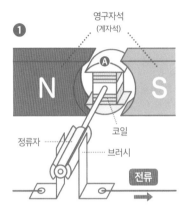

영구자석
(계자석)

Ⓐ

N   S

코일

정류자

브러시

전류

전류가 브러시 ➡ 정류자 코일로 흐르면서 코일은 전자석이 된다. A 부분이 N극이 되어, 영구자석의 S극에 끌려 회전한다.

② 관성으로 돈다

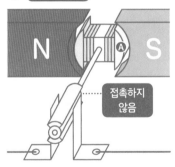

N   Ⓐ   S

접촉하지 않음

정류자의 전기가 통하는 부분이 브러시와 접촉하지 않은 상태이므로 코일에 전류가 흐르지 않지만, 코일은 관성으로 계속 회전한다.

③ 전류로 돈다

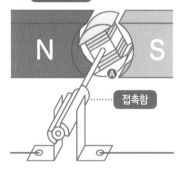

N   S

Ⓐ

접촉함

정류자가 브러시에 접촉하여 코일에는 **①**과 반대 방향의 전류가 흐른다. **Ⓐ**는 S극이 되어 영구자석의 S극과 반발하여 회전력이 발생한다.

48 자석은 어떻게 철을 끌어당기는 것일까?

그렇구나! 철 안에는 수많은 분자자석이 있는데, 자석을 가까이 대면 분자자석이 정렬하여 자석이 되는 것이다!

자석의 철을 끌어당기는 성질은 대체 어떤 원리로 일어나는 일일까?

자석의 한쪽은 N극이고 다른 한쪽은 S극이다. 막대자석 1개를 반으로 쪼개면 각각 N극과 S극을 지닌 막대자석 2개가 되는데, 이를 분자와 원자 수준까지 쪼개더라도 각각의 조각들은 자석의 성질을 지닌다[그림1]. 즉 **자석은 수없이 많은 작은 자석으로 이루어져 있으며**, 그 하나하나가 자석의 성질을 지닌다는 뜻이다. 이를 **분자자석**(혹은 **원자자석**)이라고 한다.

막대자석은 철로 이루어져 있다. 똑같은 철이라도 못은 자석이 아니지만, 실은 못 안에도 수많은 분자자석이 있다. 그런데도 못이 자석이 아닌 이유는, 못 안에 있는 분자자석들이 제각각 다른 방향을 가리키고 있어서 서로 자력을 상쇄해 버리기 때문이다.

막대자석을 못에 가까이 대면, 못 안에 있는 분자자석이 반응하여 **일제히 한 방향을 바라보며 정렬한다.** 그래서 자석의 성질을 발휘할 수 있게 된다[그림2]. 막대자석 N극을 못의 머리에 가까이 대면 S극이 되며, 반대로 S극을 가까이 대면 N극이 되어 서로 끌어당긴다. 이것이 자석이 철을 끌어당기는 원리다.

철 내부에는 수많은 분자자석이 있다

▶ 막대자석 쪼개기 [그림1]

막대자석을 계속 쪼개면 그만큼 작은 자석이 많이 생긴다. 자석 안에는 수많은 작은 자석이 존재하는 것이다.

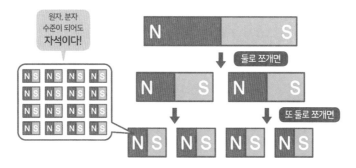

원자, 분자
수준이 되어도
자석이다!

둘로 쪼개면

또 둘로 쪼개면

▶ 못 안에 있는 분자자석의 방향 [그림2]

자석이 멀리 떨어져 있을 때는 못 안에 있는 분자자석 방향이 모두 제각각이지만, 자석이 가까이 다가오면 한 방향으로 정렬되어 못도 자석이 된다

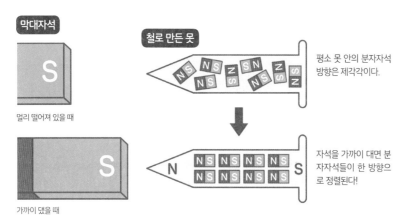

막대자석

멀리 떨어져 있을 때

가까이 댔을 때

철로 만든 못

평소 못 안의 분자자석 방향은 제각각이다.

자석을 가까이 대면 분자자석들이 한 방향으로 정렬된다!

Q 북극에서 나침반의 N극은 어느 방향을 가리킬까?

> 위를 가리킨다 or 아래를 가리킨다 or 빙글빙글 돈다

실은 지구 자체가 거대한 자석이며 북극이 S극, 남극이 N극에 해당한다. 그래서 나침반의 N극은 S극(북극)에 끌려 항상 북쪽을 가리킨다. 그러면 북극에서 나침반은 어느 방향을 가리킬까?

거대한 자석인 지구 주위에는 **남자극**에서 **북자극**으로 향하는 **자력선**이 존재한다(오른쪽 그림). 나침반의 자석은 이 자력선을 따라 남북을 가리킨다. 적도 부근에서는 거의 수평(오른쪽 그림 **A**)이지만, 북쪽으로 올라갈수록 아래를 가리킨다(오른쪽 그림 **B**). 이 각도를 복각이라고 하며, 도쿄에서는 약 49도다. 복각은 북쪽으로 갈수록 커지며, **북자극에서는 바로 아래 방향을 가리킨다**(위 그림 **C**).

지구를 둘러싸는 자력선

자력선을 따라 나침반의 자석이 남북을 가리킨다.

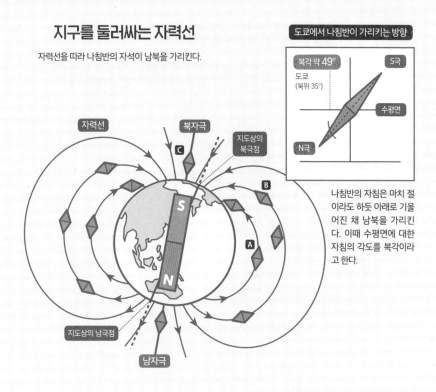

도쿄에서 나침반이 가리키는 방향

복각 약 49°

도쿄
(북위 35°)

S극

수평면

N극

나침반의 자침은 마치 절이라도 하듯 아래로 기울어진 채 남북을 가리킨다. 이때 수평면에 대한 자침의 각도를 복각이라고 한다.

실은 지도상의 북극과 지구라는 자석의 S극은 다른 장소에 있다. 지도상의 북극은 지구의 자전축과 지면의 교점이며, 위도로 따지면 북위 90도에 해당한다.

지구의 S극이 있는 곳은 북자극이라고 하며, 지리상의 북극과는 조금 떨어진 장소에 있다. 게다가 그 위치는 매년 조금씩 바뀌고 있다. 2019년에는 북자극 위도가 북위 86.4도였는데, 지도상의 북극보다 3.6도 정도 남쪽에 있었다.

이처럼 지도상의 북극은 북자극과 조금 떨어져 있으므로, 나침반의 N극은 거의 아래 방향에 있는 북자극을 가리킨다.

따라서 답은 '아래를 가리킨다'다.

49 발전소에서는 어떤 식으로 전기를 만들까?

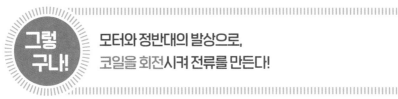

그렇구나!

모터와 정반대의 발상으로, 코일을 회전시켜 전류를 만든다!

전기는 화력발전소, 수력발전소, 원자력발전소 등에서 **발전기를** 이용해 만들어진다. **발전기의 구조는 모터와 아주 비슷하다**(➡134쪽). 모터에 전류를 흘리면 코일이 회전하는데, 발전기는 이와 반대로 **코일을 회전시키면 전류가 흐른다.** [그림1]처럼 모터와 비슷하게 생긴 발전기를 돌리면([그림1]에서는 수동으로 돌린다) 전류를 발생시킬 수 있다.

어떤 종류의 발전소든 화력, 수력 등의 힘을 이용하여 발전기를 회전시켜서 전기를 만든다. 예를 들어 화력발전소에서는 석탄과 석유 등으로 물을 끓여 **증기의 힘으로 터빈을 회전**시키며, 이 회전을 발전기(모터와 비슷한 장치)에 전달하여 전기를 만들어낸다.

화력과 원자력 이외의 에너지를 자연 에너지라고 하며, 이를 이용한 발전도 늘어나고 있다. 지열 발전은 마그마 열로 만들어진 증기를 이용해 터빈을 돌려 발전하는 방식이며, 바이오매스 발전은 나무 조각, 쓰레기, 폐유 등을 연료로 이용하는 화력발전이다.

터빈(≒발전기)을 돌려서 발전한다

▶ 발전기의 구조 [그림1]

모터를 수동으로 돌려서 전기를 만들어낼 수 있다.

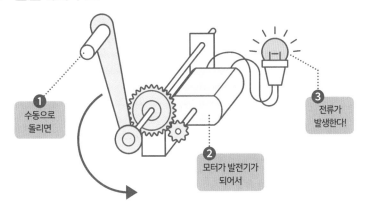

1 수동으로 돌리면

2 모터가 발전기가 되어서

3 전류가 발생한다!

▶ 화력발전의 구조 [그림2]

화력발전소에서는 석탄과 석유를 태워서 물을 끓여 만들어낸 증기로 터빈을 회전시켜 발전한다.

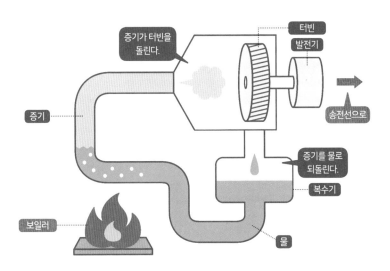

증기가 터빈을 돌린다.

터빈

발전기

송전선으로

증기

증기를 물로 되돌린다.

복수기

보일러

물

50 왜 휘발유를 넣으면 자동차가 움직일까?

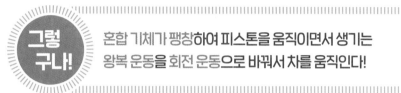

그렇 구나!
혼합 기체가 팽창하여 피스톤을 움직이면서 생기는 왕복 운동을 회전 운동으로 바꿔서 차를 움직인다!

전기 자동차가 실용화되기는 했지만, 아직은 휘발유 엔진이 자동차의 주된 동력원이다. 휘발유 엔진은 어떤 식으로 작동할까?

휘발유는 **발화점이 낮고 휘발성이 높은 액체**, 다시 말해 폭발적으로 타기 쉬운 액체다. 이 **액체와 공기를 섞은 혼합 기체를 연소시켜서** 엔진의 동력으로 삼는다.

자동차에 탑재된 휘발유 엔진은 실린더 내부에서 혼합 기체를 연소시켜 만든 에너지를 동력원으로 삼기에 **내연기관**이라 불린다. 사륜차의 휘발유 엔진은 **❶흡입**, **❷압축**, **❸폭발**, **❹배기**라는 4가지 공정[오른쪽 그림]을 통해 작동한다. 4가지 공정으로 돌아간다는 점 때문에 4행정 기관이라고 불리기도 한다.

오른쪽 그림과 같은 피스톤의 **왕복운동**은 연결봉을 통해 크랭크축으로 전달되어 **회전운동**으로 바뀐다. 이 회전운동이 톱니바퀴를 통해 차축으로 전달되어 타이어가 회전한다. 이러한 과정을 통해 휘발유 엔진이 실린 자동차가 움직이는 것이다. 참고로 전기 자동차는 휘발유 엔진 대신 전기 모터를 동력으로 삼는다.

연소를 통해 크랭크축을 회전시킨다

▶ 휘발유 엔진의 구조

휘발유 엔진은 ❶흡입, ❷압축, ❸폭발, ❹배기라는 4가지 공정을 통해 크랭크축을 회전시킨다.

❶ **흡입** 흡입 밸브가 열려서 휘발유와 공기의 혼합 기체가 실린더 내부로 들어온다.

❷ **압축** 크랭크축이 회전함에 따라 연결봉 끝에 있는 피스톤이 혼합 기체를 압축한다.

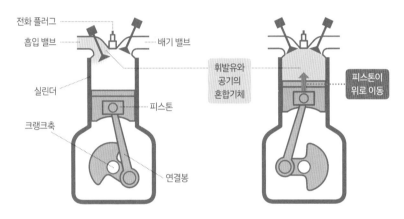

전화 플러그

흡입 밸브 ─────── 배기 밸브

실린더

크랭크축

피스톤

연결봉

휘발유와 공기의 혼합기체

피스톤이 위로 이동

❸ **폭발** 점화 플러그로 혼합 기체를 착화시키면 단번에 팽창하여 압력으로 피스톤이 내려간다.

❹ **배기** 배기 밸브가 열려서 연소로 인해 생긴 기체가 배출되고 공정은 다시 ❶로 돌아간다.

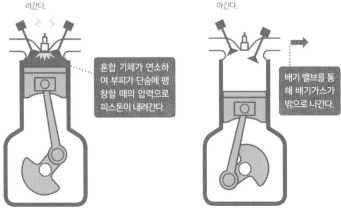

혼합 기체가 연소하여 부피가 단숨에 팽창할 때의 압력으로 피스톤이 내려간다.

배기 밸브를 통해 배기가스가 밖으로 나간다.

공상과학 특집 ⑦

영구기관, 영구히 움직이는 기계

구슬의 힘으로 돌아가는 바퀴 바퀴가 회전하면서 굴러떨어지는 구슬의 무게를
이용해 바퀴는 영구히 회전할 수 있을까?

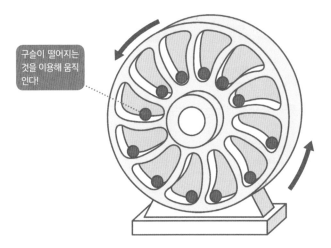

구슬이 떨어지는
것을 이용해 움직
인다!

'영구히 움직이는 기계'란 **외부에서 힘을 가하지 않아도 계속 움직이는 장치**라는
뜻으로, **영구기관**이라 불린다. 만약 에너지 없이 계속 움직일 수 있는 기계를 실
현한다면 에너지 문제를 단번에 해결할 수 있을 것이다. 2가지 아이디어를 바탕
으로 이것이 실현 가능한 일인지 한번 생각해보자.

위의 그림은 **구슬의 힘으로 계속 돌아가는 바퀴**다. 처음에 바퀴를 밀어주면 바
퀴의 왼쪽 부분에서 구슬이 굴러떨어져서 바퀴를 회전시키는 힘을 만들기에 바
퀴는 영원히 회전할 수 있을 것처럼 보인다.

오른쪽 그림은 **자석과 쇠구슬로 이루어진 미끄럼틀**이다. 강력한 자석이 쇠구

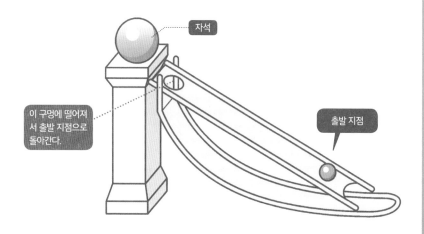

자석과 쇠구슬로 이루어진 미끄럼틀 자석이 끌어당긴 쇠구슬은 구멍에서 떨어져 아래로 내려간 다음 다시 경사면을 오를 수 있을까?

자석

이 구멍에 떨어져서 출발 지점으로 돌아간다.

출발 지점

슬을 끌어당겨 경사면을 오르게 만들다가, 쇠구슬이 자석에 달라붙기 직전에 구멍에 떨어져서 아래로 굴러떨어진다. 그리고 다시 자석에 끌려 경사면을 오르는 일을 계속 반복하는 식이다.

실제로 이 장치들이 영원히 움직이는지 살펴보면, 첫 번째는 바퀴와 차축 사이에서 작용하는 마찰 때문에 회전 에너지를 조금씩 잃어 결국에는 멈추고 만다. 두 번째는 미끄럼틀 아래에 있는 쇠구슬을 끌어당길 수 있을 정도로 강력한 자석이라면, 쇠구슬이 구멍에서 떨어지지 않고 자석에 붙어 버린다. 자력의 강약을 조절할 수 있으면 좋겠지만, 전자석이 아니라면 불가능하다.

결론적으로 **영구기관은 물리학의 법칙에 따라 실현이 불가능하다.** 특히 바퀴가 아쉬운데, 이러한 영구기관이 근본적으로 불가능하다는 사실은 19세기에 확립된 열역학 법칙에 의해 밝혀져 있다. 어떠한 기계라도 에너지 중 일부는 마찰 등에 의해 사라져 버리기 때문이다.

51 체온계는 어떤 식으로 체온을 잴까?

수은 체온계는 **열팽창**을 이용해 측정하며, 전자 체온계는 **센서**를 이용해 예측한다!

수은 체온계와 전자 체온계는 어떤 식으로 체온을 잴까? 물질은 **온도가 상승하면 팽창하여 부피가 늘어난다**(➡66쪽). 폭염에 철도 레일이 휘어져 열차 사고가 발생할 때가 있는데, 바로 **열팽창**의 사례다.

수은 체온계는 수은 온도가 오르면 부피가 규칙적으로 증가하는 현상을 이용한 도구다. 이걸 겨드랑이 사이에 끼우면 수은이 서서히 올라가다가, 몇 분 후에는 상승이 멈춘다. 이때 온도가 올바른 체온으로 **평형온**이라고 한다. 수은 체온계 수은이 가득 고여 있는 부분과 체온을 나타내는 눈금판 사이에 잘록하게 구부러진 부분을 '유점'이라고 하는데, 이 부분에서 수은은 **강한 표면장력 때문에 역류하지 못하므로** 한 번 올라가면 다시 내려가지 못한다[그림1].

반면 전자 체온계는 온도에 의해 **전기저항**이 변화하는 서미스터라는 온도 센서를 이용해 체온을 잰다. 전자 체온계를 겨드랑이 사이에 끼우면 피부의 체온을 감지한 **서미스터**의 전기저항이 변화한다. 대부분 전자 체온계는 측정값과 **내장된 마이크로컴퓨터를 이용해 올바른 체온을 예측하여 빠르고 간편하게** 체온을 표시해준다[그림2].

수은 체온계와 전자 체온계는 측정 방식이 다르다

▶ 수은 체온계의 측정 방식 [그림1]

수은 체온계는 수은의 부피가 팽창하는 현상을 이용해 온도를 측정한다.

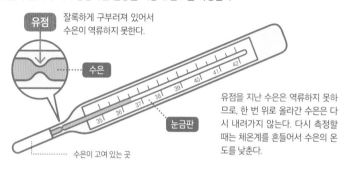

유점: 잘록하게 구부러져 있어서 수은이 역류하지 못한다.

수은

눈금판

수은이 고여 있는 곳

유점을 지난 수은은 역류하지 못하므로, 한 번 위로 올라간 수은은 다시 내려가지 않는다. 다시 측정할 때는 체온계를 흔들어서 수은의 온도를 낮춘다.

▶ 전자 체온계의 측정 방식 [그림2]

서미스터란 온도 변화에 따라 전기저항이 바뀌는 전자 부품이다. 전자 체온계에는 온도가 상승하여 평형온에 도달하는 패턴에 관한 데이터가 들어 있어서, 이를 이용해 최종 체온을 예측할 수 있다.

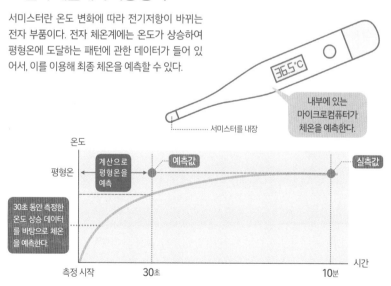

서미스터를 내장

내부에 있는 마이크로컴퓨터가 체온을 예측한다.

온도

평형온

계산으로 평형온을 예측

예측값

실측값

30초 동안 측정한 온도 상승 데이터를 바탕으로 체온을 예측한다

측정 시작 30초 10분 시간

52 냉장고는 어떻게 차가워지는 것일까?

그렇구나! 기화라는 현상을 이용해 냉장고 안에 있는 공기에서 열을 흡수한다!

주사를 맞기 전에 피부를 알코올로 닦아 소독하면 차가운 느낌이 든다. 이는 알코올이 **기화(증발)할 때 피부에서 열을 흡수하기 때문이다**[그림1]. 액체가 기화할 때는 열이 많이 필요한데, 알코올은 이를 피부에서 흡수하는 것이다.

냉장고가 내부 온도를 차갑게 유지하는 것도 같은 원리다. 단, 냉장고는 알코올이 아니라 **아이소뷰테인(이소부탄)**이라는 가스를 사용한다. 이 가스는 온도와 압력에 따라 기체가 되기도 하고 액체가 되기도 하는 물질이다.

냉장고 안팎의 파이프에는 아이소뷰테인이 흐른다. 냉장고 내부를 차갑게 식힐 때 액체 상태인 아이소뷰테인을 기화시킨다. 그러면 알코올이 피부에서 열을 흡수하는 것처럼 아이소뷰테인이 **냉장고 내 공기에서 열을 흡수**해버린다.

기체가 된 아이소뷰테인은 파이프를 따라 냉장고 바깥에 있는 압축기(기체를 압축하는 장치)로 들어가 압축되어 액체로 변한다. 이때 냉장고 내 공기에서 흡수한 열이 파이프 주변의 공기 중으로 방출된다. 액체가 된 아이소뷰테인은 다시 파이프를 따라 냉장고 안으로 들어가며, 이러한 과정을 반복함으로써 냉장고 안은 차갑게 유지된다[그림2].

기화 현상이 냉장고 안에서 열을 빼앗는다

▶ 기화의 사례 [그림1]

알코올이 기화할 때 피부에서 열을 흡수하므로 차갑게 느낀다.

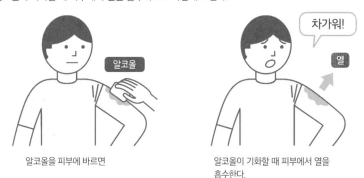

알코올을 피부에 바르면

알코올이 기화할 때 피부에서 열을 흡수한다.

▶ 냉장고의 기본적인 구조 [그림2]

냉장고 안팎을 지나는 파이프에 아이소뷰테인이라는 가스가 들어 있다. 이 가스가 액체가 되었다가 다시 기체로 돌아오기를 반복함으로써, 냉장고 안에 있는 열을 바깥으로 내보낼 수 있다. 아이소뷰테인과 같은 기능을 하는 물질을 냉매라고 한다.

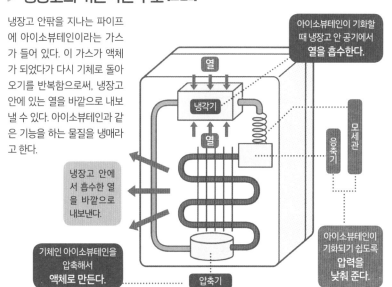

아이소뷰테인이 기화할 때 냉장고 안 공기에서 **열을 흡수한다.**

냉장고 안에서 흡수한 열을 바깥으로 내보낸다.

기체인 아이소뷰테인을 압축해서 **액체로 만든다.**

아이소뷰테인이 기화되기 쉽도록 **압력을 낮춰 준다.**

Q 물체를 −1,000℃까지 차갑게 만들 수 있을까?

만들 수 있다 or 만들 수 없다 or 더 차갑게 만들 수 있다!

촛불의 가장 뜨거운 부분은 약 1,400℃나 되며, 더 뜨거운 물질도 얼마든지 있다. 그 럼 반대로 차가운 것은 어떨까? 물체를 −1,000℃까지 차갑게 만들 수 있을까?

촛불 외에도 1,000℃를 넘는 사례는 아주 많다. 제철소의 용광로 내부는 약 1,600℃, 엔진의 실린더 내부 온도는 최고 2,000℃를 넘는다고 한다. 우주로 가 면 태양의 표면 온도가 약 6,000℃이며, 중심부 온도는 1,500만℃나 된다.

온도란 **원자가 진동하는 세기**를 나타낸 것이다. 진동이 약할수록 온도가 낮으 며, 진동이 강할수록 온도가 높다. 원자의 진동에는 한계가 없으므로 **이론적으로**

보면 온도의 상한은 없다고 할 수 있다.

반면 **온도가 낮을수록 원자의 진동은 약해지며, 최종적으로는 완전히 정지**한다. 이때 온도는 -273.15℃이며, 이를 **절대영도**라고 한다(단, 양자역학(➡212쪽)에 따르면 절대영도에서도 원자의 진동은 정지하지 않는다고 한다).

절대영도에서는 우주의 온갖 것이 정지하므로, 이 세상에 -273.15℃ 미만의 온도는 없다. 따라서 물체를 -1,000℃로 만드는 것은 불가능하다.

정답은 물체를 절대영도 미만으로 '만들 수 없다'다.

절대영도와 저온의 물체

0℃   얼음

-21℃   식염수 얼음

아이스크림을 만들 수 있다.

-79℃   드라이아이스

고체 이산화탄소

-196℃

-253℃   액체수소

-269℃   액체헬륨

-273.15℃   **절대영도**

53 저기압일 때 날씨가 흐리고 비가 오는 이유가 뭘까?

그렇구나! 저기압의 중심에서는 구름이 잘 만들어져서 비가 내리기 쉽기 때문이다!

대체로 고기압일 때 날씨가 좋고, 저기압일 때 흐리고 비가 온다. 왜 그럴까? 기압은 **헥토파스칼**(hPa)이라는 단위로 나타낸다. 그런데 기압이 몇 hPa이냐와 상관없이 주위보다 기압이 낮은 곳을 저기압, 주위보다 기압이 높은 곳을 고기압이라한다.

저기압은 **중심으로 갈수록 기압이 낮아진다. 상승기류**가 발생한 후에는 공기가 옅은 곳(기압이 낮은 곳)이 생겨, 주위의 공기가 짙은 곳(기압이 높은 곳)에서 중심을 향해 바람이 불어오므로 계속 기압이 낮아진다[그림1].

공기는 온도에 따라 포함할 수 있는 수증기 양(**포화수증기량**)이 정해져 있다. 예를 들어 1m³의 공기는 15℃에서 12.8g만큼 수증기를 포함할 수 있지만, 온도가 내려가 5℃가 되면 6.8g밖에 포함할 수 없다[그림2]. 공기가 상승하여 높은 곳으로 올라갈수록 온도가 떨어지므로, 일정 이상 높이까지 올라가면 더는 공기 중에 있을 수 없는 수증기가 작은 물방울이나 얼음 알갱이가 된다. 이것이 구름이 생기는 이유다(➡74쪽). **이런 식으로 저기압 중심 부근에서 상승기류로 인해 구름이 잘 만들어져서** 날씨가 흐려지고 비가 내리기 쉬운 것이다.

기온이 떨어지면 물방울이 생긴다

▶ 저기압에서 구름이 만들어지는 이유 [그림1]

저기압에서는 상승기류가
발생하므로, 중심을 향해
주위에서 바람이 불어와
구름이 만들어진다.

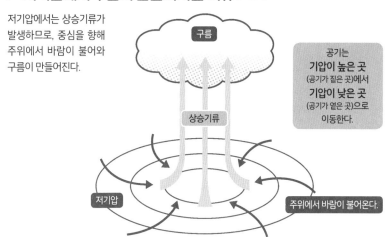

공기는
기압이 높은 곳
(공기가 짙은 곳)에서
기압이 낮은 곳
(공기가 옅은 곳)으로
이동한다.

구름

상승기류

저기압

주위에서 바람이 불어온다.

▶ 포화수증기량과 구름의 관계 [그림2]

공기가 상승해서 온도가 떨어지면, 더는 공기 중에 있을 수 없는 수증기가 작은 물방울이나 얼음 알
갱이가 되어 공기 중에 떠다닌다. 이것이 구름이다.

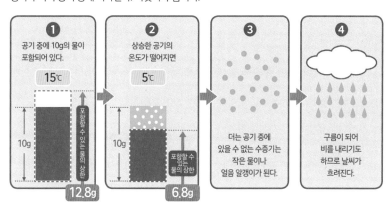

❶
공기 중에 10g의 물이
포함되어 있다.
15℃
10g
포함할 수 있는 물의 상한
12.8g

❷
상승한 공기의
온도가 떨어지면
5℃
10g
포함할 수 있는 물의 상한
6.8g

❸
더는 공기 중에
있을 수 없는 수증기는
작은 물이나
얼음 알갱이가 된다.

❹
구름이 되어
비를 내리기도
하므로 날씨가
흐려진다.

54 태풍이란 무엇일까? 저기압이랑 뭐가 다를까?

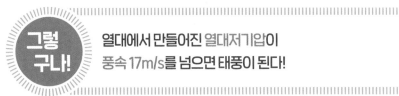

그렇구나! 열대에서 만들어진 **열대저기압**이 풍속 17m/s를 넘으면 태풍이 된다!

우리나라 기상청에서는 최대풍속이 17m/s 이상인 열대저기압 모두를 태풍이라고 정의한다. 쉽게 말해 태풍이란 **거대한 열대저기압**이다(➡152쪽).

열대저기압이란 **열대에서 생겨난 저기압**을 말한다. 열대의 더운 바다 위에서는 수증기를 많이 포함한 따뜻한 공기가 만들어진다. 이 공기는 가벼워서 상승기류가 생겨난 결과 공기가 옅은 곳, 즉 저기압이 발생한다.

이 저기압을 향해 주위에서 소용돌이치듯이 바람이 불어오며, 이 바람도 저기압의 중심 부근에서 수증기를 많이 포함한 상승기류가 된다. 이것이 열대저기압이 만들어지는 방식이다. 이후로는 적란운이 생기며 거대한 구름의 소용돌이가 만들어져 간다[그림1].

태풍은 진행 방향의 오른쪽과 왼쪽에서 각각 바람의 세기가 다르다. 태풍 진행 방향의 오른쪽(동쪽)에서는 중심을 향해 불어오는 바람과 태풍이 나아가는 힘이 합쳐져 강한 바람이 분다. 이와 반대로 왼쪽(서쪽)에서는 불어오는 바람이 태풍이 진행하는 힘과 서로 상쇄되어 비교적 바람이 약해진다[그림2].

태풍은 원래 열대저기압이었다

▶ 열대저기압의 발생 [그림1]

태풍은 처음에는 적도보다 북쪽인 바다 위에서 열대저기압 형태로 발생한다.

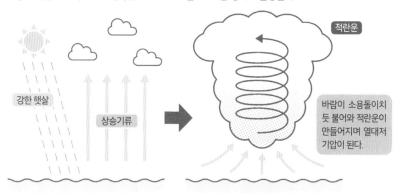

적란운

바람이 소용돌이치
듯 불어와 적란운이
만들어지며 열대저
기압이 된다.

강한 햇살

상승기류

적도의 강한 햇살이 바다에 내리쬐면 공기가 데
워져 옅어지는데, 그 결과 상승기류가 발생한다.

공기가 옅어진 곳을 향해 주위에서 바람이 불
어온다.

▶ 태풍은 좌우로 풍속이 다르다 [그림2]

태풍 진행 방향의 오른쪽은
왼쪽보다 바람이 강하다. 오
른쪽에서는 태풍이 나아가는
힘과 중심에 불어오는 바람의
속도가 합쳐지기 때문이다.

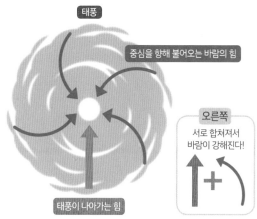

태풍

중심을 향해 불어오는 바람의 힘

왼쪽

서로 상쇄해서
바람이 약해진다!

오른쪽

서로 합쳐져서
바람이 강해진다!

태풍이 나아가는 힘

각색된 일화가 많은 과학의 아버지
갈릴레오 갈릴레이
(1564~1642)

갈릴레오 갈릴레이는 지구와 다른 행성이 태양 주위를 돈다는 '지동설'을 강하게 주장한 인물이다. 수많은 발견을 이뤄냈지만, 그와 관련된 일화는 후대에 각색된 것이 상당히 많다. 76쪽의 '낙하의 법칙'도 갈릴레이가 피사의 사탑 위에서 쇠구슬을 떨어뜨렸다고 이야기가 퍼져 있지만, 실제로는 기울어진 레일을 이용해 쇠구슬의 움직임을 관찰해 발견한 것이다.

진자의 주기(왕복하는 데 걸리는 시간)는 진자의 줄의 길이가 똑같다면 무게나 진폭과 상관없이 항상 똑같다는 '진자의 등시성' 일화도 그렇다. 갈릴레이가 대성당에서 흔들리는 샹들리에를 보고 발견했다는 것도 후세에 꾸며낸 이야기다. 워낙 위대한 발견이다 보니 소문이 퍼지고 살이 덧붙여진 것 같다.

참고로 지동설은 당시 기독교 가르침에 위배되었기에 갈릴레이는 재판에서 유죄 판결을 받았는데, 그의 사후 350년 후에 이 판결이 잘못되었음을 공식적으로 인정됐다. 1992년에 교황 요한 바오로 2세가 갈릴레이에게 사죄해 큰 뉴스가 되었다.

제 **3** 장

최신 기술과
물리의 관계

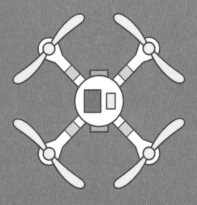

GPS, 자기부상열차, 드론 등 다양한 최신 기술에도 물리가 활용되고 있다. 이번 장에서는 물리 국한되지 않는 과학적인 이야기도 하면서 최신 기술과 물리의 관계를 살펴보자.

55 어떻게 위치를 알 수 있을까? _GPS의 원리

 **GPS 위성 3대와 수신기 사이의 거리를 통해 자신(수신기)의 위치를 알 수 있다!**

인공위성을 이용해 자신이 지구상 어느 곳에 있는지 알아낼 수 있는 시스템을 **위성 측위 시스템**이라고 한다. **GPS**(Global Positioning System)는 미국에서 개발한 위성 측위 시스템으로 처음에는 군사용이었지만, 현재는 민간에서도 사용한다. 특히 자동차나 비행기가 자신의 위치를 확인하는 데 아주 유용하다.

GPS 위성은 고도 약 20,000km **6개 궤도상에 4대씩 배치**되어, 예비 포함 약 30대가 지구 주위를 돌고 있다[그림1]. 자신의 위치를 알아내려면 4대 위성에서 전파를 수신해야 하는데, GPS는 지구상 어디에 있든 4대 이상의 위성과 통신할 수 있다.

삼각뿔 밑면 형태가 정해져 있을 때 밑면 외 세 변의 길이를 알면 4번째 꼭짓점의 위치를 계산할 수 있다. 즉 GPS 위성 3대와 수신기(자동차나 스마트폰 등) 사이의 거리를 알면 수신기 위치를 알아낼 수 있다는 뜻이다. 위성과 수신기 사이 거리는 위성의 전파를 수신기가 수신하는 데 걸린 시간을 측정함으로써 구할 수 있다[그림2]. 이론상으로 인공위성 3대만 있으면 되지만, 4번째 인공위성의 전파를 수신하면 다양한 값을 보정하여 더 정확한 위치를 알 수 있다.

GPS 위성 30대가 지구 주위를 돌고 있다

▶ 지구 주위를 도는 GPS 위성 [그림1]

GPS 위성은 6개 궤도상에 4대씩 총 24대가 배치되어 있으며, 예비까지 포함하면 약 30대가 있다.

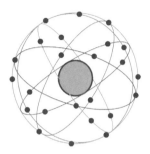

지구상의 어느 곳에 있어도 이 중에서 적어도 4대의 위성과 통신할 수 있도록 위치를 고려해 배치했다.

▶ GPS의 원리 [그림2]

위치는 이론상으로 위성 3대와의 거리를 이용해 구할 수 있다.

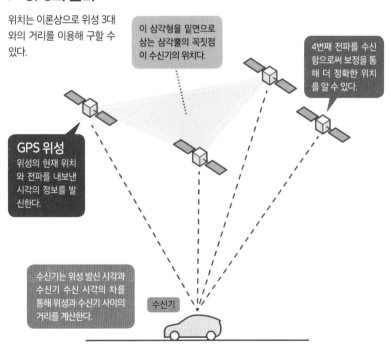

이 삼각형을 밑면으로 삼는 삼각뿔의 꼭짓점이 수신기의 위치다.

4번째 전파를 수신함으로써 보정을 통해 더 정확한 위치를 알 수 있다.

GPS 위성
위성의 현재 위치와 전파를 내보낸 시각의 정보를 발신한다.

수신기는 위성 발신 시각과 수신기 수신 시각의 차를 통해 위성과 수신기 사이의 거리를 계산한다.

수신기

56 스바루 망원경을 능가한다고? _초고성능 망원경 개발

그렇구나! 스바루 망원경과 허블 우주망원경보다 성능이 뛰어난 망원경이 개발 중이다!

우주는 언제 어떻게 만들어졌을까? 생물이 살 수 있는 행성을 발견할 수 있을까? 이런 질문에 답하려면 뛰어난 성능의 망원경이 필요하다. 그래서 **차세대 초고성능 망원경** 개발이 시작되었다. 일본은 미국, 캐나다, 중국, 인도와 공동으로 TMT 라는 망원경을 계획하고 있다. **TMT**는 Thirty Meter Telescope의 약어로 **30m 망원경**이라는 뜻이다.

망원경 성능은 별빛을 모으는 거울(주 거울)의 지름에 달려 있는데, 주 거울(주경)이 클수록 더 멀리 있는 어두운 천체를 관측할 수 있다[그림1]. 스바루 주 거울 지름은 8.2m이고 TMT는 30m이니, 지름이 4배 가까이 커서 모을 수 있는 빛의 양이 약 13배나 된다. 여기에 신기술을 적용해, TMT는 초승달일 때도 달 표면 반딧불이 한 마리의 빛을 지구에서 관측할 수 있을 거이라 한다.

미국은 허블 우주망원경 후속인 **제임스 웨브 우주 망원경(JWST)** 개발을 계획하고 있다. JWST는 허블처럼 지구의 주회궤도상에 배치되는 것이 아니라, 지구에서 봤을 때 태양과 반대쪽에 위치할 예정이다. 허블의 주 거울은 2.4m고 JWST는 약 6.5m라고 하니, 성능이 엄청날 것이라 예상된다.

주 거울의 크기로 성능이 결정된다

▶ 주 거울이 클수록 성능이 좋다 [그림1]

망원경은 주 거울이 클수록 빛을 많이 모아 멀리 있는 어두운 별을 볼 수 있다.

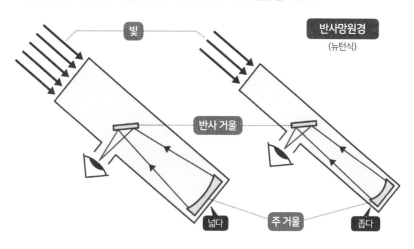

▶ 차세대 초고성능 망원경 [그림2]

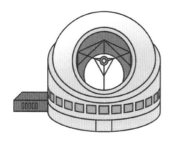

TMT는 하와이의 마우나케아산 꼭대기에 건설할 예정이다. 주 거울 지름은 30m로, 스바루 망원경 주 거울의 약 4배다.

제임스 웨브 우주망원경은 허블 우주망원경의 후속 망원경으로, 주 거울의 크기는 3배인 6.5m다.

갑자기 태양이 사라지면 어떻게 될까?

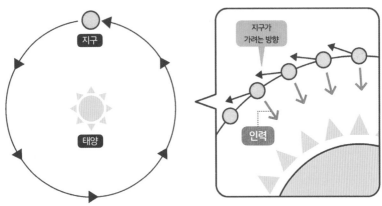

지구는 태양의 인력에 끌려서 돈다.

지구는 직진하려 하지만, 태양의 인력에 끌린 결과 태양 주위를 돈다.

태양이 갑자기 사라지면 지구는 어떻게 될까? 당연히 **엄청난 추위가 몰려올 것이다.** 빙하기 따위와는 비교할 수도 없을 정도의 혹독한 추위 때문에 아마 인간은 살아남지 못할 것이다. 이제 인간이 아니라 지구 자체가 어떻게 될지 물리학적 관점에서 생각해보자. 원래 지구는 대략 초속 30km로 우주 공간을 직진하려 하지만, 이와 동시에 태양의 인력에 끌리고 있다. 그 결과 지구는 태양에서 멀어지지도 가까워지지도 않으며 빙글빙글 태양 주위를 공전한다.

만약 태양이 사라지면 그 순간 지구는 궤도의 접선 방향으로 날아갈 것이다. 해머던지기로 비유하면 손이 태양이고 해머가 지구인 셈이다. **지구는 태양이 사라지기 직전까지 움직이던 방향으로, 대략 초속 30km로 직진한다.**

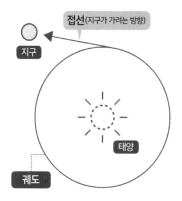

태양이 사라지면 지구는 궤도의 접선 방향으로
날아간다.

태양이 사라지면 지구는 달과 함께 다음 중력권
을 만날 때까지 직선 운동을 한다.

또한 태양이 사라지면 지구의 공전은 없어지겠지만, **자전**은 계속 이어진다. 약 24시간에 한 번 돈다는 점은 똑같지만, 하늘이 계속 깜깜하므로 한 바퀴 돌았는지 판단하기 어려워진다. 달은 여전히 지구와 함께 있겠지만, 볼 수는 없다. 달은 태양의 빛을 반사해서 빛나므로, 태양이 없으면 보름달도 초승달도 보이지 않을 것이다.

시간이 지나면 언젠가 **지구는 태양을 대신할 다른 천체의 중력권에 들어갈 것이다.** 그 천체에 끌려서 그대로 충돌할지, 아니면 지구와 태양의 관계처럼 공전하게 될지는 알 수 없다. 정말 상상할 거리가 무궁무진하다.

57 인공적으로 비를 내린다고?
_인공강우의 원리

그렇구나! 눈의 씨앗이라고 할 수 있는 드라이아이스와 아이오딘화은을 비행기 등으로 구름에 뿌려서 빗방울을 만든다!

인공적으로 비를 내리는 **인공강우**는 대체 어떤 원리일까? 먼저 비가 내리는 원리부터 살펴보자. 우선 하늘 위에 떠 있는 구름을 구성하는 물방울이 차가워지면 작은 얼음 알갱이(빙정)가 된다. 여기에 주위에 있는 수증기와 물방울이 달라붙어 눈이 되는데, 이것이 아래로 떨어지다가 녹아서 비가 된다[그림1]. 빙정이 만들어지려면 지상에서 날아오는 **미세한 소금, 진흙, 화산재 등의 미립자가 필요**하다.

이 **빙정의 핵이 되는 미립자**를 인공적으로 구름 속에 뿌려 비가 내리게 만드는 것이 인공강우의 기본적인 아이디어다. **드라이아이스와 아이오딘화은**은 빙정의 핵이 될 만한 물질로, 드라이아이스는 온도가 낮아서 빙정이 만들어지기 쉬우며, 아이오딘화은은 결정 형태가 얼음이나 눈과 비슷해 눈이 만들어지기 쉽다는 특징이 있다.

인공강우는 일반적으로 비행기로 구름 안에 드라이아이스 등을 뿌리지만, 지상에서 연기를 뿜어 구름으로 올려보내기도 한다[그림2]. 물 부족이 심각할 때 인공강우를 시도하지만, 이것도 구름이 있을 때나 가능하다. 현재로서는 인공강우로 물 부족을 해소할 수 있을 만큼의 비를 내리지는 못한다.

빙정의 핵을 인공적으로 살포한다

▶ 비가 내리는 과정 [그림1]

비는 작은 얼음 알갱이(빙정)가
눈이 되어 떨어지는 사이에 녹
아서 물이 된 것이다.

구름을 구성하는 물방
울은 0℃ 이하에서도
얼지 않는다(과냉각).

❶
미립자 주위에
물방울이 모인다.

❷
미립자를 핵으로 삼아
빙정이 만들어진다.

❸
빙정이 성장하여
눈이 된다.

❹
눈은 기온이 높은
곳까지 떨어지면
녹아서 빗방울이 된다.

▶ 인공강우의 방법 [그림2]

비행기로 구름 속에 빙정의 핵이 될 수
있는 미립자를 뿌려서 빙정을 만들어
비를 내린다. 미립자로는 드라이아이
스나 아이오딘화은을 사용한다.

구름 속에서
미립자를
살포한다.

아이오딘화은은 지상에서
연기의 형태로 구름으로
올려보내는 방법도 있다.

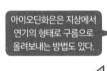

58 전기저항이 제로라고? _초전도 케이블의 원리

그렇구나! 초전도란 전기저항이 제로, 즉 0이 되는 **현상이다.**
에너지를 낭비 없이 옮길 수 있다!

발전소에서 만든 전기는 전선(케이블)을 통해 송전하는데, 금속으로 된 전선은 전기저항이 있어 전류 중 일부가 열로 변하는 에너지 손실이 일어난다. 송전 손실이라고 하는데, 송전 거리가 멀수록 저항이 커져 **송전 손실**도 늘어난다. 참고로 일본에서는 약 5%의 송전 손실이 일어난다고 한다. 이 송전 손실을 전 세계 규모로 없앨 수 있다면 에너지 문제를 해결하는 데 도움이 될 것이다.

그런데 어떤 금속은 매우 차갑게 만들면 **전기저항이 0이 되며**, 이를 **초전도**라고 한다. 만약 전선이 초전도 상태를 유지한다면 송전 손실을 대폭 줄일 수 있다. 각국에서는 초전도 송전에 관한 연구를 진행하고 있으며, 현재는 -196℃ 액체 질소를 이용해 차가운 상태를 유지하는 초전도 케이블이 실현되었다.

다만 엄청나게 긴 케이블을 차갑게 유지하려면 엄청난 비용과 설비가 필요하며, 사고와 문제 발생 시 대책 등 해결해야 할 과제가 많아 아직 실험 단계다. 그래도 실용화할 수만 있다면 맑은 날이 계속 이어지는 사막에서 태양광 발전한 전기를 전 세계로 보낸다거나, 각국에서 남아도는 전력을 서로 나눠주는 일도 가능해지므로 에너지와 환경 문제에 큰 도움이 될 것이다.

전기저항이 0이 되는 초전도 현상

▶ 물질이 초전도 상태가 되는 온도

초전도란 특정 금속을 저온으로 만들면 전기저항이 0이 되는 현상이다.

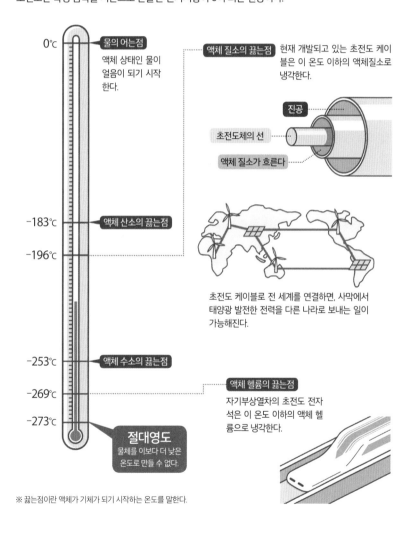

0°C — **물의 어는점**
액체 상태인 물이 얼음이 되기 시작한다.

−183°C — **액체 산소의 끓는점**

−196°C

−253°C — **액체 수소의 끓는점**

−269°C

−273°C — **절대영도**
물체를 이보다 더 낮은 온도로 만들 수 없다.

액체 질소의 끓는점 현재 개발되고 있는 초전도 케이블은 이 온도 이하의 액체질소로 냉각한다.

진공
초전도체의 선
액체 질소가 흐른다

초전도 케이블로 전 세계를 연결하면, 사막에서 태양광 발전한 전력을 다른 나라로 보내는 일이 가능해진다.

액체 헬륨의 끓는점 자기부상열차의 초전도 전자석은 이 온도 이하의 액체 헬륨으로 냉각한다.

※ 끓는점이란 액체가 기체가 되기 시작하는 온도를 말한다.

59 자기부상열차는 왜 빠를까?
_초전도 전자석

그렇 구나! 초전도 전자석의 힘으로 차체를 공중에 띄워 전진한다. 시속 600km의 속도를 실현할 수 있다!

바퀴가 달린 열차는 시속 400km 정도가 한계지만, **자기부상열차**는 자석의 힘으로 공중에 뜬 채 시속 600km 이상 속도로 달린다. 자기부상열차는 차체를 띄워 앞으로 나아가게 만들기 위한 **초전도 전자석**(초전도 자석이라고도 한다)이 각 차량의 양측에 달려 있다[그림1].

일반적인 전자석은 코일에 흐르는 전류가 클수록 자력도 강해지지만, 전기저항 때문에 뜨거워져 에너지 손실이 일어나므로 얻을 수 있는 자력에 한계가 있다. 그런데 어떤 종류의 물질은 **절대영도(-273℃)에 가까운 온도로 냉각하면 전기저항이 0**이 되어 매우 강력한 자석이 된다. 바로 초전도 전자석으로 자기부상열차에서는 액체 헬륨을 이용해 초전도 전자석을 -269℃까지 냉각한다.

일본에서는 자기부상열차 철도 노선이 될 예정인 주오 신칸센을 2027년까지 도쿄~나고야 구간 개통을 목표로 공사를 진행하고 있는데, 여기에는 가이드웨이라 불리는 주행로 측면의 벽에 2가지 코일을 설치한다. 이들 코일은 전류를 흘리면 전자석이 되며, 초전도 전자석은 코일과 서로 끌리고 반발함으로써 차량을 공중에 띄우고 앞으로 나아간다[그림2].

2종류의 전자석으로 주행로를 달린다

▶ 차체를 띄우는 방법 [그림1]

부상·안내 코일에 전류를 흘리면 전자석이 된다. 차체의 양측에 달린 초전도 전자석 N극은 코일의 N극과 반발하고 S극과는 서로 끌리므로 그 힘으로 차체를 띄운다.

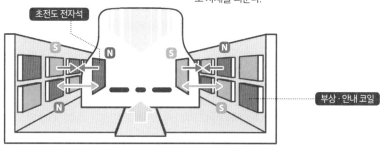

▶ 차체가 전진하는 방법 [그림2]

차체의 초전도 전자석은 항상 똑같은 극이지만, 추진 코일은 전류의 방향을 계속 바꿈으로써 N극과 S극을 차례차례 바꿀 수 있다. 이런 원리로 차량의 움직임에 맞춰 추진 코일의 N극과 S극을 바꿈으로써 차량을 전진시킨다.

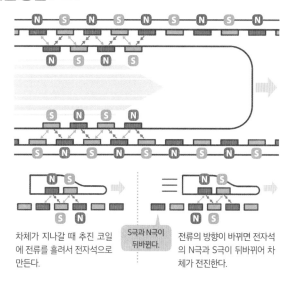

차체가 지나갈 때 추진 코일에 전류를 흘려서 전자석으로 만든다.

S극과 N극이 뒤바뀐다.

전류의 방향이 바뀌면 전자석의 N극과 S극이 뒤바뀌어 차체가 전진한다.

60 휘발유 없이 달린다고? _연료전지 자동차의 구조

 수소와 산소를 통해 전류를 만들어내며, 배기가스도 수증기인 친환경 자동차다!

전기로 모터를 돌려 달리는 자동차는 어떻게 달리는 걸까? **연료전지 자동차**를 소개하겠다. 우선 연료전지가 무엇인지부터 알아보자. [그림1]처럼 물에 전류를 흘리면 수소와 산소로 분해되는 **물의 전기분해** 현상이 나타난다. 연료전지 원리는 이와는 **반대의 반응을 일으키는 것**으로, 수소와 산소가 반응하여 물이 될 때 발생하는 전류를 이용한다.

연료전지는 **수소와 산소를 공급해주면 계속 전류를 발생**시킬 수 있다. 즉 따로 전기를 충전할 필요가 없다는 뜻이다. 게다가 배기가스는 대부분 수증기(물)라서 이산화탄소가 발생하지 않으니 친환경이라고 할 수 있다. 이러한 장점 때문에 연료전지는 미래의 전기 자동차용 에너지 발생 장치로 주목받고 있다.

연료전지를 이용한 차가 널리 보급되지 못하는 이유는, 가격이 비싸고 수소 충전소가 많지 않기 때문이다. 최근에는 고성능 **리튬이온 전지**를 싸게 만들 수 있어 전기 자동차에 이용하기 쉬워졌다는 점도 있다. 수십 년 후에는 연구가 더욱 진행되어, 전기 자동차 점유율은 상당히 늘어날 것으로 보인다.

연료전지는 발전하면 수증기가 나온다

▶ 물을 전기분해하는 실험 장치 [그림1]

물에 전류를 흘리면 수소와 산소로 분해된다(전기분해). 연료전지는 이와 반대의 반응을 일으킨다.

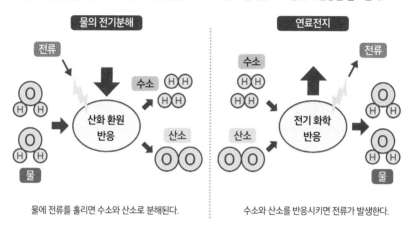

물에 전류를 흘리면 수소와 산소로 분해된다.

수소와 산소를 반응시키면 전류가 발생한다.

▶ 연료전지 자동차의 구조 [그림2]

공기 중에 있는 산소와 연료통에 담긴 수소가 반응할 때 발생하는 전류로 모터를 돌려서 달린다.

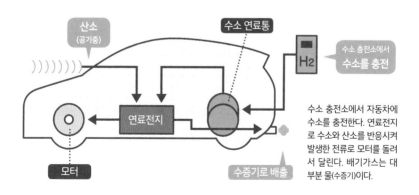

수소 충전소에서 자동차에 수소를 충전한다. 연료전지로 수소와 산소를 반응시켜 발생한 전류로 모터를 돌려서 달린다. 배기가스는 대부분 물(수증기)이다.

61 무선 조종 헬리콥터와 드론의 차이점?_드론이 나는 방식

배터리, 모터, 각종 센서 **덕분에 쉽게 날릴 수 있다!**

드론(drone)은 **무인 항공기**이라는 뜻이다. 그런 의미로 보면 1960년쯤부터 이미 무선 조종 헬리콥터가 있었지만, 조종이 어렵고 가격이 비싼 데다 날리자마자 추락해서 망가질 때도 많았다.

그럼 대체 드론이란 어떤 것일까? 드론은 **프로펠러가 3개 이상 달린 멀티콥터**다. 현재는 프로펠러가 4개 달린 드론이 주류로, **쿼드콥터**라 불린다. 그 밖에도 프로펠러가 6개 달린 헥사콥터, 8개 달린 옥토콥터 등이 있다.

이러한 멀티콥터에는 비행을 컴퓨터로 자동 제어해주는 비행 컨트롤러가 탑재되어 있다. 비행 컨트롤러는 드론에 달린 **자이로 센서**와 **가속도 센서, 기압 센서, GPS** 등에서 얻은 정보를 바탕으로 기체의 자세와 진행 방향을 제어한다. 여러 프로펠러의 회전 속도를 조절하여, 날아가는 방향 등도 정밀하게 제어해준다 [그림1].

그 밖에도 가볍고 대용량인 소형 리튬이온 전지와 강력한 소형 모터가 개발된 덕분에 드론은 비약적으로 발전했다. 취미뿐만 아니라 산업 분야에서도 활용되고 있다.

모터의 회전수를 조절해서 날아간다

▶ 드론의 진행 방향과 프로펠러의 회전수 [그림1]

날리려는 방향의 모터는 회전수를 낮추고 반대쪽 모터의 회전수를 올리면, 드론은 앞으로 기울어진 채 전진한다. 이러한 방법으로 전후좌우 이동이 가능하다.

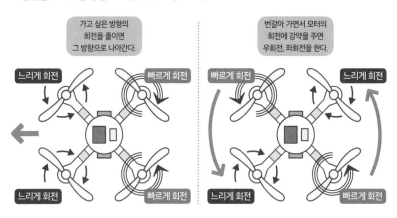

▶ 쿼드콥터의 기본적인 구조 [그림2]

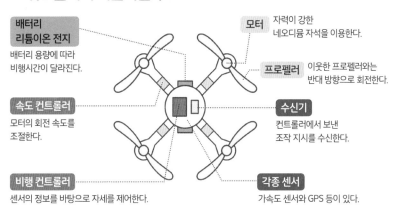

62 전기의 힘으로 하늘을 난다? _전동 항공기 개발

그렇 구나! 동력의 일부를 전동화하여 전기와 연료를 모두 활용해서 난다!

자동차는 현재 전동화가 진행되어 엔진과 모터를 둘 다 사용하는 하이브리드 자동차와 전기 자동차가 점점 늘어나고 있다. 비행기도 석유를 연료로 사용하므로 이산화탄소 배출량을 줄이고 연비를 좋게 만드는 등의 개량을 해왔다. 하지만 여전히 한계가 있어 자동차처럼 동력을 전동화하는 연구가 진행되고 있다.

중형과 대형 비행기에서는 **하이브리드화 연구**가 한창이다. 크게 2가지 방식이 있는데, 하나는 **병렬형 하이브리드**[그림1]로 추진력을 낳는 엔진의 팬을 제트엔진과 모터 둘 다 이용해 돌린다. 나머지는 **직렬형 하이브리드**[그림2]로 기체에 실은 엔진은 발전만 담당하고, 엔진이 만들어낸 전력으로 프로펠러를 돌린다. 이처럼 지금까지 엔진에만 의존해왔던 동력의 일부를 전동화함으로써 이산화탄소 배출량을 크게 줄일 수 있다.

엔진과 연료 대신 모터와 전지(배터리)를 실은 **전동 항공기**도 연구하고 있다. 다만 전지 용량 한계로 먼 거리를 날아가는 중형, 대형 비행기는 실행이 어렵다. 그래서 소수 인원이 탑승해 짧은 거리를 날아가는 경비행기를 대상으로 개발 중이다. 또 드론(➡172쪽) 대형화 연구도 진행되고 있다.

엔진과 모터로 팬을 돌린다

▶ 병렬형 하이브리드 [그림1]

추진력을 만드는 팬을 제트연료를 연소시킨 에너지와 모터를 둘 다 이용해 회전시킨다.

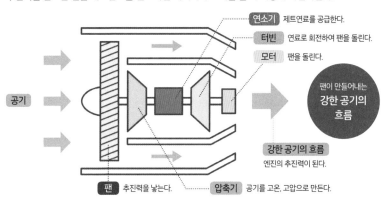

연소기 제트연료를 공급한다.

터빈 연료로 회전하여 팬을 돌린다.

모터 팬을 돌린다.

팬이 만들어내는 **강한 공기의 흐름**

공기

강한 공기의 흐름
엔진의 추진력이 된다.

팬 추진력을 낳는다. 압축기 공기를 고온, 고압으로 만든다.

▶ 직렬형 하이브리드 [그림2]

제트연료를 사용하는 엔진은 발전만을 담당하며, 발전기에서 만들어진 전류로 모터에 직결한 팬을 회전시킨다.

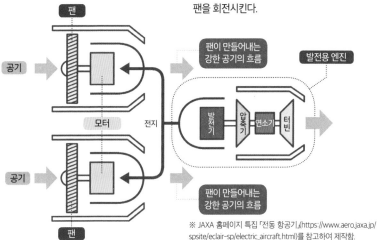

팬

공기

팬이 만들어내는
강한 공기의 흐름

발전용 엔진

모터 전지

발전기 압축기 연소기 터빈

공기

팬이 만들어내는
강한 공기의 흐름

팬

※ JAXA 홈페이지 특집 「전동 항공기」(https://www.aero.jaxa.jp/
spsite/eclair-sp/electric_aircraft.html)를 참고하여 제작함.

63 빛이 어떻게 전기가 될까?
_태양전지의 원리

빛을 쬐면 전기가 흐르는 반도체를 이용해
빛 에너지를 전류로 바꾼다!

태양전지란 태양의 빛 에너지를 전기로 변환하는 장치로, 태양광 발전의 중심 요소다. 태양전지로 가장 많이 쓰이는 것은 **실리콘 태양전지**로 반도체를 이용해서 만든다. 반도체란 **전기가 흐르는 '도체'와 흐르지 않는 '절연체'의 중간 성질을 지니는 물질**이다. 조건에 따라 전기가 흐르기도 하고 흐르지 않기도 하는, 다시 말해 전기적인 성질이 변하는 특성을 가진 물질이다. 반도체에는 n형과 p형이라는 2가지 종류가 있는데, 태양전지는 **2종류의 반도체를 붙여서** 만든다.

태양전지에 사용하는 반도체는 어두운 곳에서는 전기가 흐르지 않지만, 빛을 쬐면 전기가 흐르는 성질을 지닌다. 태양전지에 빛을 쬐어 주면 n형과 p형의 접합면 부근에 **전자**(음의 전기)와 **정공**(양의 전기)이 발생하여, **전자는 n형으로 이동하고 정공은 p형으로 이동**한다. 이때 전구 등을 연결하면 전류가 흐르기 시작한다 [그림1]. 태양전지는 이런 식으로 발전하는데, 강한 빛을 쬘수록 더 큰 전류가 발생한다. 태양전지 일부에 그늘이 생기면 그 부분의 전기저항 때문에 발전량이 저하된다. 태양전지는 친환경 자연 에너지로 쓰일 뿐만 아니라, 인공위성 등의 전원으로도 사용된다[그림2].

엔진과 모터로 팬을 돌린다

▶ 빛을 쬐면 전자와 정공이 이동한다 [그림1]

빛을 쬐면 n형 반도체와 p형 반도체의 접합면 부근에서 전자(음의 전기)와 정공(양의 전기)이 발생한다. 전자는 n형 쪽으로, 정공은 p형 쪽으로 이동한다. 이 상태에서 표면과 뒷면에 달린 전극에 꼬마전구를 연결하면 전류가 흐른다.

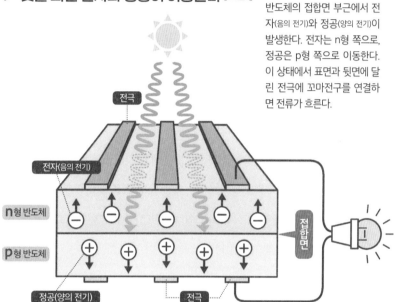

▶ 우주에서 꼭 필요한 태양전지 [그림2]

인공위성에서는 태양전지 패널이 큰 면적을 차지한다. 대부분의 위성은 태양전지 없이는 가동하지 못한다.

태양전지는 위성 본체보다 크다.

64   4K, 8K, OLED…?
_최신 TV의 종류

OLED는 스스로 빛나서 색을 표현하는 LED다.
4K, 8K는 TV의 화소를 가리키는 말이다.

TV는 브라운관에서 LCD로 바뀌더니, 이제는 '4K', '8K', 'OLED'라는 제품까지 나오고 있다. 이렇게 TV는 나날이 진화하고 있는데, 각각의 제품은 어떤 특징이 있을까? TV 화면은 가로 세로로 늘어서 있는 **빨간색(R), 초록색(G), 파란색(B)의 작은 화소(점, 도트)**가 빛나면서 영상을 비춰낸다. 그런데 LCD와 OLED는 이 영상을 비춰내는 방식이 각각 다르다[그림1].

LCD는 빨강, 초록, 파랑의 3색 필터 뒤에서 빛(백라이트)을 쬐어 줌으로써 화면을 빛나게 만든다. 반면 OLED는 백라이트가 없고 자체적으로 빛을 낸다. OLED의 기본적인 구조는 LED(➡130쪽)와 같다. OLED 패널은 백라이트가 필요 없으므로 LCD보다 얇게 만들 수 있어서, 패널의 두께가 5mm 정도밖에 되지 않는다.

4K와 8K에서 'K'는 킬로, 즉 1,000을 뜻한다. 4K TV는 화면을 구성하는 가로 방향의 화소 수가 약 4,000개(가로 3,840 × 세로 2,160)이며, 8K TV는 약 8,000개(가로 7,680 × 세로 4,320)다. 기존의 HD TV는 화소가 가로 1,280 × 세로 720이고 FHD는 가로 1,920 × 세로 1,080이었으므로, 4K와 8K 화면은 영상을 세밀하게 비춰낼 수 있다.

발광을 통해 영상을 비춰 낸다

▶ LCD와 OLED [그림1]

LCD와 OLED는 발광 방식이 다르다.

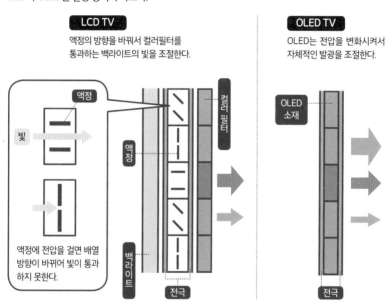

LCD TV

액정의 방향을 바꿔서 컬러필터를 통과하는 백라이트의 빛을 조절한다.

OLED TV

OLED는 전압을 변화시켜서 자체적인 발광을 조절한다.

빛

액정

액정에 전압을 걸면 배열 방향이 바뀌어 빛이 통과하지 못한다.

액정

컬러필터

백라이트

전극

OLED 소재

전극

▶ FHD, 4K, 8K란 [그림2]

화소 수가 많으면 세밀한(해상도가 높은) 영상을 비춰낼 수 있으며, 화면이 커져도 뭉개져 보이지 않는다. FHD와 비교하면 4K는 화소 수가 4배이며, 8K는 16배나 된다.

FHD TV

1,080도트
1,920도트

4K TV

2,160도트
3,840도트

8K TV

4,320도트
7,680도트

Q 잠수 중에 스마트폰으로 문자 메시지를 보낼 수 있을까?

보낼 수 있다 　or　 보낼 수 없다

일반적으로 스마트폰은 물에 빠뜨리면 망가지지만, 방수 대책을 한 스마트폰으로 수중 사진을 찍는 사람도 있다. 그러면 통신은 어떨까? 바닷속에서 문자 메시지를 보낸다거나, 인터넷에 사진을 올릴 수 있을까?

스마트폰 등의 휴대폰은 전파를 이용해 통신하는 도구다. 전파는 파장에 따라 종류를 나눌 수 있는데, 휴대폰은 **극초단파**(UHF)라 불리는 **파장이 10cm~1m인 전파**를 사용한다.

　일반적으로 물속에서는 전파가 심하게 약해지고 잘 전달되지 않으므로 통신하는 데 이용할 수 없다. 게다가 전파의 파장이 짧을수록 더 전해지기 어렵

▶ 물속에서 전파와 초음파가 전해지는 정도

극초단파는 수심 50cm에서 약해진다.

전파

통화권 이탈!

물속에서는 전파와 빛이 잘 전달되지 않는다.

고기떼 탐지기는 초음파를 이용해서 물고기 떼를 찾는다.

초음파

다. 그래서 잠수함이 해상에 있는 배와 통신할 때는 케이블을 연결하거나 초음파를 이용한다. 초음파는 물속에서도 그다지 약해지지 않으며 잘 전해지기 때문이다(➡102쪽). 고기잡이배와 낚싯배 등에서 사용하는 고기떼 탐지기도 전파가 아니라 초음파를 이용해 물고기 떼를 찾는 것이다. 다만 전파 중에서도 파장이 100km를 넘는 **극초장파**는 물속에서도 전해지므로 잠수함 통신에 사용된다.

그럼 물속에서 전파는 얼마나 전해지기 어려울까? 휴대폰을 방수 주머니에 담아 수영장에 넣는 실험을 해본 결과, 대략 50cm 깊이에서 전파가 닿지 않게 되었다고 한다. 잠수 중에 스마트폰으로 문자 메시지를 보내거나 인터넷에 사진을 올리는 일은 불가능하다.

따라서 정답은 잠수 중에 스마트폰으로 문자 메시지를 '보낼 수 없다'다.

65 지상과 우주를 연결하는 길? _우주 엘리베이터

그렇 구나! 지상과 우주정거장을 밧줄로 연결하면, 저렴하고 안전하게 우주로 갈 수 있다!

머지않아 달과 화성에 기지가 건설되어 관광으로 우주여행을 갈 수 있는 시대가 올 것이다. 그러한 미래에 지금 사용하는 로켓보다 싼 가격으로 안전하게 우주로 가는 방법으로 **우주 엘리베이터**(궤도 엘리베이터)가 있다. 우주 엘리베이터란 **적도 상공 약 3만 6,000km에 건설한 우주정거장과 지상을 밧줄로 연결**하여, 밧줄을 따라 위아래로 움직이는 엘리베이터를 통해 사람과 짐을 수송하는 것이다[그림1].

우주정거장은 3만 6,000km 상공에서 지구 자전과 똑같은 속도로 날고 있기에, 지상에서는 계속 같은 위치에 멈춰 있는 것처럼 보인다. 이러한 궤도를 **정지궤도**라고 한다. 이 정지궤도상에 있는 우주정거장과 지상을 밧줄로 이으면, 마치 지상에서 대단히 높은 탑을 쌓은 것처럼 된다.

다만 밧줄의 끝이 정지궤도에 있으면 밧줄 무게 때문에 우주정거장이 지구로 떨어져 버린다. 이를 방지하기 위해 밧줄은 정지궤도 너머 우주를 향해 더 길게 뻗은 다음, 끝에 무게 추를 달아 놓는다. 이렇게 하면 밧줄에 걸리는 **원심력**이 커지므로 우주정거장은 지구로 떨어지지 않는다[그림2]. 밧줄은 철보다 튼튼하면서도 몹시 가벼운 소재인 탄소 나노튜브 등으로 만들 수 있다.

원심력으로 엘리베이터를 안정시킨다

▶ 우주 엘리베이터 구조 [그림1]

적도상에 엘리베이터 지상역이 있으며, 3만 6,000km 상공의 정지궤도상에 있는 우주정거장까지 며칠에 걸쳐 올라간다.

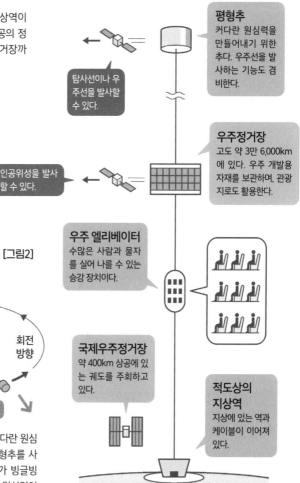

평형추
커다란 원심력을 만들어내기 위한 추다. 우주선을 발사하는 기능도 겸비한다.

탐사선이나 우주선을 발사할 수 있다.

우주정거장
고도 약 3만 6,000km에 있다. 우주 개발용 자재를 보관하며, 관광지로도 활용한다.

인공위성을 발사할 수 있다.

우주 엘리베이터
수많은 사람과 물자를 실어 나를 수 있는 승강 장치이다.

국제우주정거장
약 400km 상공에 있는 궤도를 주회하고 있다.

적도상의 지상역
지상에 있는 역과 케이블이 이어져 있다.

▶ 원심력의 원리 [그림2]

지구의 자전

회전 방향

원심력

우주 엘리베이터에서는 커다란 원심력을 발생시키기 위해 평형추를 사용한다. 해머던지기 선수가 빙글빙글 회전하면 해머에 강한 원심력이 작용해 줄이 팽팽하게 당겨져 떨어지지 않는 것과 같은 원리다.

66 화성까지 우주여행 기간은? _화성 탐사

그렇구나! 최소한의 에너지로 목적지로 가는 호만궤도를 이용해도 편도로 260일 정도 걸린다!

화성은 지구의 이웃 행성으로, 가장 가까울 때는 약 5,500만km이며 가장 멀 때는 4억km다. 달까지 거리가 38만km인데, 화성은 달보다 150~1,000배 먼 셈이다.

지금 바로 화성을 향해 로켓을 쏴도 도착할 쯤에는 이미 다른 곳에 가 있을 것이다. 그래서 우주선이 날아가는 시간을 고려해 **도착할 시점에 화성과 우주선의 위치가 딱 들어맞도록 발사해야 한다**. 또한 사람이 타는 우주선에는 식량 등도 실어야 하므로 되도록 연료를 절약해야 한다. 따라서 우주선은 **호만궤도**[그림1]라는 타원 궤도를 그리며 날아간다. 이렇게 하면 지구와 화성의 위치가 일정 조건을 만족할 때 우주선을 발사하여 약 260일 만에 화성에 도착할 수 있다.

화성에서 지구로 돌아올 때도 두 행성이 적절한 위치에 있을 때 출발해야 한다. 그 시기가 올 때까지 1년 이상 기다린 다음, 돌아올 때도 호만궤도를 따라 날아온다. 이런 과정을 거치면, 지구에서 **출발한 다음 다시 돌아올 때까지 2년 8개월 정도 걸린다**. 미국은 2030년까지 유인 화성 탐사를 계획하고 있는데, 순조롭게 비행할 수 있다 해도 우주에는 위험한 방사선이 내리쬐므로 우주비행사 건강 문제도 해결해야 한다.

지구와 화성의 위치 관계가 중요하다

▶ 화성으로 갈 때의 호만궤도 [그림1]

최소한의 연료만을 사용해서 다른 행성으로 가는 궤도
를 호만궤도라고 한다.

화성으로 갈 때는 지구가
E1에 있을 때 지구가 공
전하는 방향을 향해 우주
선을 발사한다. 이때 화성
은 **M1**에 있다. 우주선은
붉은 점선 궤도를 따라 약
260일을 날아 **M2**의 위
치에 도착한다. 이때 지구
는 **E2**에 있다.

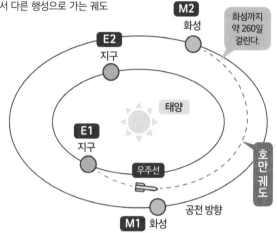

▶ 지구와 화성 비교 [그림2]

지구와 화성은 비슷한 행성이지만, 우주복이 없으
면 살 수 없다.

	지구	화성
태양과의 거리	1(태양과 지구 사이 거리를 1이라고 한다)	1.52
적도 반지름	6,378km	3,396km
부피	1(지구를 1이라고 한다)	0.151
무게(질량)	1(지구를 1이라고 한다)	0.107
중력	1(지구를 1이라고 한다)	0.38
자전 주기(하루의 길이)	23시간 56분	24시간 37분
공전 주기(한 해의 길이)	365.24일	687일
평균 기온	15℃	-43℃
기압	1(지구를 1이라고 한다)	0.0075
대기의 주성분	질소 78% 산소 21%	이산화탄소 95% 질소 3%

공상과학 특집 ⑨

시공간을 단번에 이동하는 워프는 실현 가능할까?

워프라는 아이디어

워프를 휘어진 종이 표면을 시공간으로 빗대어 설명할 때가 많다.

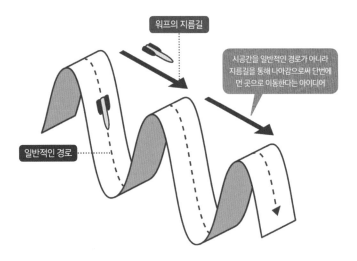

워프의 지름길

시공간을 일반적인 경로가 아니라 지름길을 통해 나아감으로써 단번에 먼 곳으로 이동한다는 아이디어

일반적인 경로

어떤 장소에서 멀리 떨어진 장소로 단숨에(혹은 아주 짧은 시간 만에) 이동하는 **워프**라는 개념이 있다. 공상과학소설 등에서 자주 등장하는 이 기술은 물리학적으로 가능한 일일까?

우리 주위에 펼쳐진 공간은 거리뿐만 아니라 시간과도 연관되어 있기에 **시공간**이라 불린다. 이 시공간은 똑바로 이어져 있는 것이 아니라 왜곡되거나 휘어져 있다고 한다.

워프의 기본적인 아이디어는 이렇게 휘어진 시공간에서 지름길을 통해 먼 곳으로 단숨에 이동하는 것이다[왼쪽 그림]. 즉 일반적인 시공간의 흐름에서 벗어

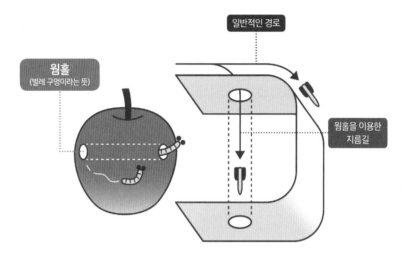

웜홀이라는 아이디어

웜홀은 사과 껍질 표면을 시공간으로 빗대서 설명한다.

웜홀
(벌레 구멍이라는 뜻)

일반적인 경로

웜홀을 이용한
지름길

남으로써 시간을 초월하여 다른 장소로 이동한다는 방법이다.

또한 워프와 함께 자주 나오는 개념인 **웜홀**은 벌레가 사과를 파먹은 구멍으로 비유되곤 한다. 사과 껍질의 표면이 시공간에 해당하며, 껍질 표면을 따라가는 것이 아니라 구멍을 통해 단숨에 반대편으로 이동할 수 있다는 것이다[오른쪽 그림].

이러한 이론은 둘 다 **시공간을 왜곡시킬 수 있어야 한다.** 아쉽게도 여태까지 관측된 시공간의 왜곡과 휘어짐은 아주 적으며, 인공적으로 일으킨 사례도 없다.

워프와 웜홀은 물리학의 세계에서 언급되기는 하지만, 현재의 물리학으로는 손이 닿지 않는 차원의 일이다. 하지만 나사(NASA)에서도 워프의 가능성을 완전히 부정하지는 않는다. 먼 미래에는 시공간을 초월하는 물리 이론이 정립되어 워프와 웜홀이 실현될 가능성이 있다.

67 선 없이도 충전한다고?
_무선 충전의 원리

그렇구나!
자석과 코일로 전자기 유도를 일으켜
무선으로 전기를 보낼 수 있다!

전선을 연결하지 않은 채 전기를 공급하는 **무선 충전** 기술은 **방사형**, **비방사형**으로 나눌 수 있다. 방사형은 전기를 전파로 변환하여 안테나를 이용해 먼 곳으로 전송하는 방식이며, 비방사형 아주 가까운 거리에서 충전하는 방식이다. 방사형은 우주에서 발전한 전기를 전파 형태로 지상으로 보내는 우주 태양광 발전 연구가 진행되고 있다. 여기서는 스마트폰이나 자동차를 충전하는 데 사용되는 비방사형 무선 충전을 자세히 소개하겠다.

비방사형은 **자기 유도 방식**과 이를 개량한 **자기 공명**(공진) **방식**이 있으며, 기본적 원리는 **전자기 유도**다. [그림1] A가 기본적인 전자기 유도. 두 코일 사이에서도 전자기 유도를 [그림1] B처럼 일으킬 수 있는데, 코일을 마주 보게 배치한 다음 한쪽 코일에 전류를 흘리면 다른 한쪽 코일에도 전류가 흐른다.

자기 유도 방식 무선 충전은 [그림1] B의 현상을 이용한 것이며, 교통카드 같은 스마트카드도 똑같은 원리로 자동개찰기와 통신한다. 자기 공명 방식은 충전 효율이 올랐을 뿐만 아니라 충전 가능 거리가 더 길어졌다. 그래서 전기 자동차 무선 충전은 자기 공명 방식으로 연구가 진행 중이다[그림2].

자기장의 변화로 인해 전류가 흐른다

▶ 전자기 유도의 원리 [그림1]

전자기 유도란 코일 안에서 자기장(자석의 힘이 작용하는 공간)이 변화하면 전류가 흐르는 현상이다.

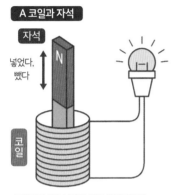

A 코일과 자석

자석

넣었다, 뺐다

N

코일

코일에 자석을 넣었다, 뺐다 하면 전류가 발생한다.

B 코일 2개

스위치를 켜면

1차 코일

전류가 흐른다

2차 코일

마주 보는 코일 2개 중 한쪽에 전류를 흘리면, 다른 한쪽 코일에도 전류가 흐른다.

▶ 전기 자동차와 무선 충전 [그림2]

무선 충전 장치 위에 차를 세워 두기만 하면 배터리를 충전할 수 있다.

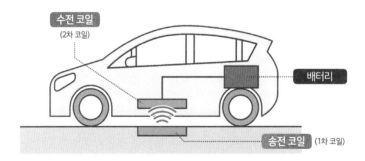

수전 코일
(2차 코일)

배터리

송전 코일 (1차 코일)

주차장에 송전 코일, 차에 수전 코일이 있으면 차를 세워 두기만 해도 충전이 시작된다.

68 어떻게 식품을 데울까? _전자레인지와 마이크로파

그렇구나! 1초에 약 24억 번이나 진동하는 마이크로파로 물 분자를 비벼서 데운다!

전자레인지는 마그네트론이라는 부품에서 발생하는 **마이크로파**라는 전파를 식품에 쬐어서, 식품에 포함된 물에 작용하여 열을 발생시키는 장치다.

물 분자는 수소 원자 2개와 산소 원자 1개로 이루어졌다[그림1]. 이 물 분자의 한쪽(산소 원자가 있는 쪽)은 음전하를 띠며, 반대쪽(수소 원자가 있는 쪽)은 양전하를 띤다.

전자레인지의 마이크로파는 2.45기가헤르츠(GHz)의 전파로, 이는 **1초에 24억 5,000만 번 진동한다는 뜻이다. 그리고 한 번 진동할 때마다 양극과 음극이 뒤바뀐다.** 이 전파가 식품 내의 물 분자와 부딪히면, 전파의 진동에 맞춰서 물 분자의 방향이 바뀐다. 즉, 식품 내의 물 분자는 엄청난 속도로 방향을 바꿔 나간다[그림2].

이러한 움직임에 의해 물 분자가 서로 비벼지면서 생기는 **마찰 때문에 열이 발생**하여 식품이 데워진다. 추울 때 손을 비비면 따뜻해지는 것과 똑같은 원리라고 할 수 있다. 수분을 포함하지 않는 유리 등의 용기는 가열된 식품의 열이 전달됨으로써 온도가 오르므로, 식품보다 조금 늦게 뜨거워진다.

물 분자의 마찰열로 데운다

▶ 물 분자의 구조 [그림1]

수소 원자 쪽은 양전하를, 산소 원자 쪽은
음전하를 띤다.

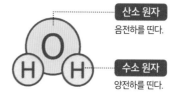

산소 원자
음전하를 띤다.

수소 원자
양전하를 띤다.

▶ 마이크로파와 식품 속의 물 분자 [그림2]

마이크로파가 식품 속에 있는 물 분자와 부딪히면, 마이크로파의 극이 바뀔 때마다 식품 속의 물 분
자가 방향을 바꾼다. 그 결과 물 분자끼리 서로 비벼지면서 생기는 마찰열 때문에 식품이 데워진다.

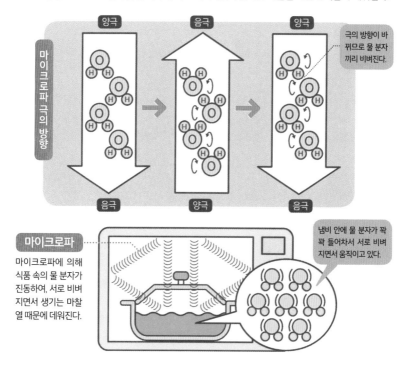

마이크로파에 의해
식품 속의 물 분자가
진동하여, 서로 비벼
지면서 생기는 마찰
열 때문에 데워진다.

냄비 안에 물 분자가 꽉
꽉 들어차서 서로 비벼
지면서 움직이고 있다.

69 어떻게 가열하는 것일까?
_인덕션레인지

그렇구나! 인덕션레인지 내부의 코일이 냄비 밑바닥에 맴돌이 전류를 발생시켜 뜨겁게 만든다!

인덕션레인지는 불을 쓰지 않고도 냄비와 프라이팬 등을 가열할 수 있는 조리 기구다. 가스레인지와 달리 자기 자신은 뜨거워지지 않고 위에 있는 냄비만이 뜨거워지는 것이 특징이다. 인덕션레인지 내부에는 **전선을 감은 코일**이 들어 있다[그림1]. 코일에 전류가 흐르면 자기력선이 생겨나 철로 이루어진 냄비 바닥에 **맴돌이 전류**가 흐른다. 이것으로 냄비 바닥이 뜨거워져 냄비 안에 있는 식품을 가열할 수 있다. 이렇게 생긴 열에너지를 **줄열**이라고 부른다.

이는 무선 충전(➡188쪽)에서도 쓰인 **전자기 유도**를 이용한 것이다. 전자기 유도 방식의 무선 충전은 전기가 대부분 열로 바꿔 버린다는 단점이 있는데, 인덕션레인지에서는 오히려 이 열을 이용한다.

인덕션레인지에는 전선을 감은 코일이 들어 있는데, **자석의 원리**를 이용한 것이다. 그래서 자석이 달라붙는 철이나 스테인리스 냄비만 사용할 수 있다. 단, 모든 금속에 대응한 인덕션레인지라면 알루미늄이나 구리 등으로 만든 냄비도 사용할 수 있다. 최근에는 전기밥솥 중에도 인덕션레인지와 똑같은 방식으로 가열하는 제품이 많이 나와 있다[그림2].

전자기 유도로 열을 발생시킨다

▶ 인덕션레인지 원리 [그림1]

코일에 전류를 흘리면 자기력선이 생기며, 전자기유도에 의해 철 등으로 만든 냄비 바닥에 맴돌이 전류가 흐른다. 이 맴돌이 전류가 냄비를 가열해서 조리한다. 이때 발생하는 열을 줄열이라고 한다.

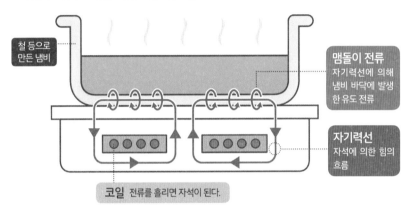

철 등으로 만든 냄비

맴돌이 전류 자기력선에 의해 냄비 바닥에 발생한 유도 전류

자기력선 자석에 의한 힘의 흐름

코일 전류를 흘리면 자석이 된다.

▶ 인덕션 전기밥솥 구조 [그림2]

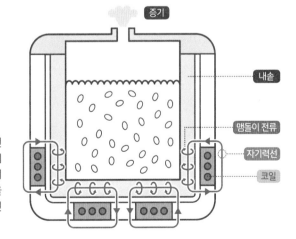

증기

내솥

맴돌이 전류

자기력선

코일

코일이 내솥에 맴돌이 전류를 발생시켜, 내솥 전체가 줄열로 인해 뜨거워져 밥을 짓는다. 내부 압력을 높이는 압력솥 방식의 인덕션 전기밥솥도 있다.

70 어떻게 탄 자국까지 나지?
_스팀오븐의 원리

그렇구나! 식품에 붙은 **수증기**가 물로 변할 때 **응축열**이 식품을 급속히 가열시킨다!

스팀 오븐은 기존의 히터로 가열하는 오븐과 달리, 가열한 수증기를 이용해 식품을 굽는다. 수증기로 음식을 데우다니! 거기다가 노릇하게 탄 자국까지 나도로 구울 수 있다니 정말 놀라운 일이다. 어떻게 그런 조리가 가능한 것일까?

액체인 물은 100℃에서 기체인 **수증기**가 되는데, 수증기는 계속 가열하면 100℃보다 훨씬 더 뜨거워질 수 있다. 이를 **과열 수증기**라고 한다. 과열 수증기를 이용하면 일반적인 오븐보다 더 효율적으로 식품을 가열할 수 있는데, 수증기가 식품에 달라붙은 다음 기체에서 액체가 될 때 발생하는 **응축열** 때문이다. 응축열은 **뜨거운 공기에서 전달되는 열**보다 에너지가 매우 크기 때문에 짧은 시간 안에 식품의 온도를 올릴 수 있다.

스팀 오븐으로 조리하면 처음에는 수증기가 차가워져 물로 변하지만, 계속 가열하면 물이 과열 수증기가 된다. 과열 수증기 온도는 최고 300℃ 정도까지 오르며 고온의 수증기가 열풍이 되어 식품을 가열한다. 이 열풍이 식품 표면을 노릇하게 구워내 탄 자국까지 남기는 것이다. 게다가 식품에서 기름이 나와 염분을 물과 함께 녹여 내므로 지방과 염분을 줄이는 효과까지 있다.

수증기 ⇨ 물로 변할 때 열을 방출한다

▶ 과열 수증기란? [그림1]

100℃ 이상으로 가열된 수증기를 과열 수증기라고 한다.

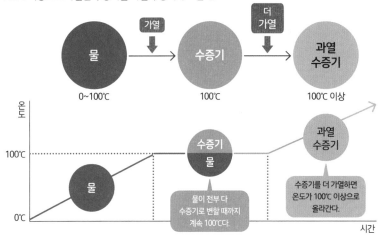

▶ 과열 수증기와 응축열 [그림2]

기체인 수증기가 액체인 물이 될 때 커다란 열을 방출한다. 이를 '응축열'이라고 하며, 이 열을 이용해 식품을 짧은 시간에 가열할 수 있다.

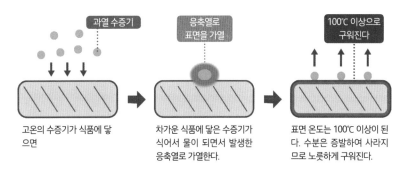

고온의 수증기가 식품에 닿으면

차가운 식품에 닿은 수증기가 식어서 물이 되면서 발생한 응축열로 가열한다.

표면 온도는 100℃ 이상이 된다. 수분은 증발하여 사라지므로 노릇하게 구워진다.

Q 똑같은 기온에서 더 따뜻하게 느껴지는 건 어느 쪽일까?

| 은판 | or | 유리판 |

실온이 20℃인 방안에 계속 놓여 있던 은판과 유리판이 있다. 같은 방 안에 있는데도, 두 판에 각각 손을 대고 있으면 잠시 후에 명백히 온도 차가 느껴졌다. 과연 어느쪽이 더 따뜻하게 느껴졌을까?

이 문제를 푸는 열쇠는 **열이 전해지는 정도**와 **열전도율**이다. 열에는 **온도가 높은 곳에서 낮은 곳으로 전해지는 성질**이 있다. 예를 들어 한여름에 에어컨을 틀어 시원한 방의 창문을 활짝 열면, 더운 바깥에서 차가운 방안으로 열은 전해진다.

이 '열이 전해지는 정도'는 각각의 물질이 지닌 **열전도율**에 좌우된다. 열전도율이 높은 물질은 열이 쉽게 전해지며, 열전도율이 낮은 물질은 열이 잘 전해지

▶ 다양한 물질의 열전도율

소재	열전도율(W/mK)
은	428
구리	403
금	319
알루미늄	236
철	83.5
탄소(그래파이트)	80~230
공기	2.41
유리(소다유리)	0.55~0.75
물	0.561
목재	0.14~0.18

지 않는다. 각각의 물질의 열전도율은 표에서 확인할 수 있다.

은과 구리는 열전도율이 높으므로 **열이 전달되기 쉽다**고 할 수 있으며, 반대로 유리와 물은 열전도율이 낮으므로 **열이 전달되기 어렵다**고 할 수 있다. 표에서 보면 유리의 열전도율은 0.75 정도이며, 은의 열전도율은 428이다. 이번 문제에서 인간의 체온은 36~37℃이며 유리판과 은판은 실온과 같은 20℃ 정도이므로, 몸의 열이 손바닥에서 유리판과 은판으로 전해질 것이다. 은은 열전도율이 높으므로 몸의 열이 빠르게 전달된다. 이는 다시 말해 손의 열이 은판에 빼앗긴다는 뜻이므로 차가운 느낌이 들 것이다. 반대로 유리는 열전도율이 낮으므로 체온이 별로 전해지지 않아 비교적 따뜻하게 느껴진다.

따라서 정답은 '유리판'이다.

전자기학의 아버지

마이클 패러데이

(1791~1867)

영국 물리학자 패러데이는 전기로 동력을 만드는 모터의 원리를 발명했다. 또한 전기를 일으키는 원리인 '전자기 유도'를 발견하기도 했다. 그의 집은 몹시 가난해, 패러데이는 초등학교도 제대로 다니지 못했다. 그러던 어느 날 유명 과학자 험프리 데이비의 실험 강연 입장권을 얻어 그의 실험을 직접 보게 되고 깊은 감명을 받았다. 패러데이가 강연 내용을 정리한 노트와 감상을 적은 편지를 데이비에게 보냈는데, 데이비는 패러데이를 조수로 고용했다. 데이비 아래에서 일하던 패러데이가 점차 그를 뛰어넘는 업적을 이룩하기 시작하자, 데이비는 한때 패러데이의 일을 훼방한다. 그러나 결국에는 "내 가장 큰 발견은 자네의 재능을 발견한 일이다"라며 패러데이를 인정했다.

영국 과학계의 1인자가 된 패러데이는 주위에 대한 감사의 마음을 잊지 않았다고 한다. 그래서 매년 크리스마스마다 강연을 했다. 과거에 자신이 과학에 감동했던 것처럼, 이번에는 자신이 수많은 사람들과 아이들에게 과학의 근사함을 전해야 한다고 생각했던 것이다. 이 강연 내용은 『촛불 하나의 과학』이라는 책으로 정리되었다.

제 **4** 장

매일매일 말하고 싶은 물리 이야기

물리의 세계는 들여다볼수록 속이 깊다. 상대성이론과 암흑물질 등 들어 본 적은 있지만 어떤 것인지는 잘 모르는 물리 이야기를 간단하게 소개해 보겠다.

71 아인슈타인의 상대성이론이란 무엇일까?①

그렇구나! 물리학계에 혁명을 일으킨, 빛과 시간과 공간에 관한 새로운 이론이다!

20세기 최고의 천재가 누구냐고 물어본다면, 알베르트 아인슈타인(1879~1955)이라고 답하는 사람이 많을 것이다. 아인슈타인은 19세기까지 지상과 우주의 물리현상을 설명해왔던 뉴턴의 이론으로는 "설명할 수 없는 현상이 여럿 있다!"라고 하면서 **완전히 새로운 물리학 이론인 상대성이론**을 생각해냈다.

아인슈타인은 1905년에 **특수상대성이론**을, 1915~1916년에 **일반상대성이론**을 발표했으며 이 2가지를 아울러 '상대성이론'이라고 부른다. 오른쪽 그림은 상대성이론을 간단하게 정리한 것이다.

이 중에서 '시간에 관한 것'인 **<2>**와 **<6>**은 다음 절(➡202쪽)에서 소개하겠다. 여기서는 **<4>**와 **<5>**에 관해 아주 간략하게만 설명하도록 하겠다.

<4>는 그 유명한 $E = mc^2$(E는 에너지, m은 질량, c는 빛의 속도)이라는 식으로 나타낼 수 있으며, **물질의 질량은 에너지로 변할 수 있고 에너지는 질량으로 변할 수 있다**는 뜻이다. 예를 들어 원자력 발전소에서는 아주 작은 질량의 우라늄이 사라지면서 막대한 에너지가 발생한다.

<5>는 항성, 은하, 블랙홀처럼 **중력이 강한 천체 주위에서는 공간이 휘어짐**

을 나타낸 것이다. 먼 우주에 있는 별과 은하에서 나와 지구로 오는 빛도, 중간에 중력이 강한(무거운) 천체 주위를 통과할 때는 휘어진 공간을 따라 나아간다. 그러한 빛은 아주 약간이지만 휘어진 채로 지상에 도달한다.

▶ 상대성이론의 내용

특수상대성이론(특수)과 일반상대성이론(일반)이 밝혀낸 사실을 간략하게 정리하면 다음과 같다.

<1> 빛보다 빨리 움직이는 것은 없다. (특수)

<2> 빠르게 움직일 때는 시간의 흐름이 느려진다. (특수)

<3> 빠르게 움직일 때는 길이가 줄어 보인다. (특수)

<4> 질량(무게)과 에너지는 같은 것이다. (특수)

<5> 무거운(중력이 강한) 것 주위에서는
    공간이 왜곡된다. (일반)

<6> 중력이 강하면 시간의 흐름이 느려진
    다. (일반)

아인슈타인

72 아인슈타인의 상대성이론이란 무엇일까?②

그렇구나! **상대성이론에서는** 미래로는 갈 수 있지만, 과거로 되돌아갈 수는 없다!

앞에서 소개한 아인슈타인의 상대성이론 중 <2> 빠르게 움직일 때는 시간의 흐름이 느려진다와 <6> 중력이 강하면 시간의 흐름이 느려진다에 관해 소개하겠다.

2가지는 시간에 관한 것인데, 만약 사실이라면 비행기를 타고 이동하는 사람의 시계는 집에서 TV를 보고 있는 사람의 시계보다 천천히 간다는 말이 된다. 실제로 원자시계라는 아주 정확도가 높은 시계를 비행기와 지상에 각각 둔 결과, 지구를 한 바퀴 돌 동안 비행기 안에 있는 시계는 지상에 있는 시계보다 아주 약간 천천히 갔다고 한다.

이 정도의 차이라면 쉽게 눈치채기 힘들지만, 빛의 속도에 가까워질수록 차이가 극명하게 드러난다. 만약 광속의 99% 속도로 날아가는 우주선이 있다면, **지상에서 100년이 흐를 동안 우주선 안에서는 14년밖에 흐르지 않을 것이다.**

이는 어찌 보면 미래로 가는 타임머신이라고 할 수 있지만, 실현하기는 어려울 것이다. 현재 태양계를 넘어 머나먼 우주를 향해 날아가고 있는 행성 탐사선 보이저 1호는 속도가 약 시속 6만km(➡94쪽)다. 제트 여객기가 시속 900km 정도이니 보이저 1호는 매우 빠르게 움직인다고 할 수 있지만, 그럼에도 **빛의 속도의 0.000057%**밖에 되지 않는다. 이 정도 속도로는 미래로 가는 타임머신으로 이용할 수 없다.

그러면 반대로 과거로 갈 수는 없을까? 이론적으로는 빛보다 빠른 속도로 움직이는 탈것이 있다면 가능하다. 하지만 이는 아인슈타인의 상대성이론 중 **<1> 빛보다 빨리 움직이는 것은 없다**라는 내용에 어긋나므로 불가능하다.

▶ 타임머신으로 미래로 갈 수 있을까?

광속 99.8%의 속도로 나는 우주선에서 약 6년간 여행하면 100년 후의 지구로 갈 수 있다.

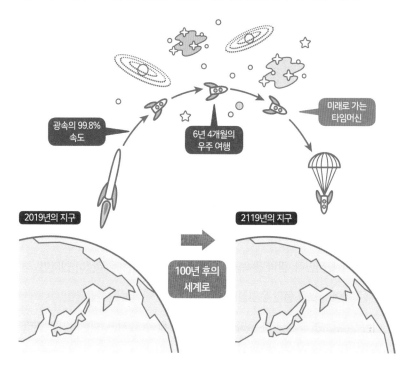

73 우리는 우주의 시작에 관해 어느 정도나 알고 있을까?

우주가 시작되고 10^{-36}분의 1초 후의 일은
설명할 수 있지만, 어떻게 시작되었는지는 알 수 없다!

우리 우주는 **빅뱅**이라는 커다란 폭발에 의해 **138억 년 전에 탄생**했다고 한다. 하지만 우주가 탄생하는 순간에 관해서는, 즉 우주가 어떻게 시작되었는지는 모른다. 현재의 물리학으로는 설명할 수 없다는 뜻이다.

다만, **우주가 탄생하고 10^{-36}분의 1초 후의 일은 이론적인 설명을 할 수 있다.** 이는 인간이 느낄 수도 없을 정도로 짧은 시간이라 우리에게는 0이나 마찬가지지만, 물리학에서는 절대 무시할 수 없는 시간이다. 이 짧은 시간 동안 일어난 일은 수수께끼로 남아 있지만, 그 후에 일어난 우주 탄생 과정은 다음과 같다.

우주가 탄생한 지 10^{-36}분의 1초 후부터 10^{-34}분의 1초 후라는 짧은 시간 동안, 이제 막 태어나 현미경으로도 볼 수 없을 정도로 작았던 우주가 급격하게 팽창했다. 이 팽창은 '샴페인의 거품 한 알이 순식간에 태양계 이상의 크기가 될 정도'라고 한다. 이 급격한 팽창을 **인플레이션**이라고 하며, 이어서 우주를 팽창시키는 에너지가 열로 변해서 **빅뱅(대폭발)**이 일어났다.

우주는 더욱 부풀어 오르면서 온도가 떨어져, 빅뱅이 일어난 지 3분 정도 후에 물질의 재료인 **수소**와 **헬륨** 원자가 만들어졌다. 빅뱅이 일어나고 38만 년이

지난 후에는 우주에서 빛이 날아다니기 시작했다. 이는 마치 안개가 걷힌 것과 같은 일이라서, "우주가 맑게 개었다"고 표현하기도 한다.

그 후 수억 년 정도가 지나자 별과 은하가 만들어지기 시작했다. 그리고 92억 년 후, 다시 말해 46억 년 전에 태양과 지구가 생겨났다.

▶ 우주의 시작과 역사

우주는 약 138억 년 전에 탄생했다고 한다. 우주가 탄생한 순간의 일에 관해서는 알지 못한다.

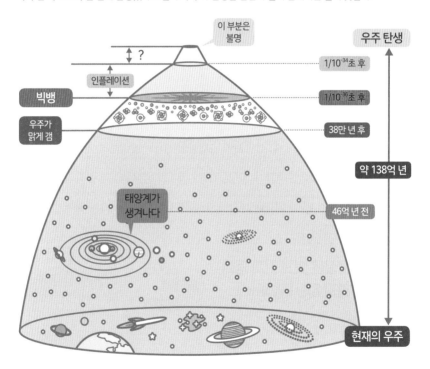

이 부분은 불명

?

인플레이션

빅뱅

우주가 맑게 갬

태양계가 생겨나다

우주 탄생

1/10^-34초 후

1/10^-36초 후

38만 년 후

약 138억 년

46억 년 전

현재의 우주

74 우주에 존재하는 수수께끼, 암흑물질이란?

그렇구나! 현대 과학으로 알 수 없는 정체불명의 존재다.
우주의 95%가 이것으로 이루어져 있다!

암흑물질이라고 하면 마치 공상과학소설에 나오는 말처럼 들리지만, 사실은 엄연한 물리학 용어다. 대체 어떤 물질일까?

우주에는 현재의 과학으로 존재를 확인할 수 없는 물질이 있다는 사실이 밝혀졌다. 즉, **정체를 알 수 없기 때문에 암흑물질이라고 불리는 것이다.**

암흑물질은 직접 관측할 수 없다[그림1]. 하지만 암흑물질의 질량이 만들어내는 중력 때문에 다양한 영향이 생기며, 이 중력의 영향을 관측함으로써 암흑물질

▶ 암흑물질은 빛과 전파 등과 반응하지 않는다 [그림1]

일반적인 물질은 빛과 반응하므로 존재를 확인할 수 있다. 하지만 암흑물질은 빛, 적외선, 전파 등을 그냥 통과시켜 버리므로 존재를 직접 관측할 수 없다.

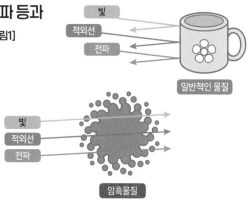

빛
적외선
전파

일반적인 물질

빛
적외선
전파

암흑물질

이 존재함을 알 수 있다.

암흑물질의 존재를 처음으로 눈치챈 사람은 스위스 천문학자인 프리츠 츠비키(1898~1974)였다. 츠비키는 지구와 멀리 떨어진 곳에서 회전하는 은하의 무게를 자세히 조사했다. 은하의 회전은 은하를 구성하는 별과 가스의 질량이 낳는 중력에 의해 생기므로, 은하의 회전 속도를 조사함으로써 은하 전체의 무게를 계산할 수 있다. 그런데 그렇게 구한 **은하의 무게는, 빛과 전파로 관측한 결과를 통해 추측한 값보다 훨씬 더 무거웠다.** 이는 암흑물질의 존재를 시사하는 결과였다.

암흑물질 외에 **암흑 에너지**라는 것도 있다. 우주는 가속도적으로 팽창하고 있는데, 이를 위해서는 거대한 에너지가 필요하다. 이 **우주를 팽창시키는 에너지도 정체를 알 수 없다 보니 암흑 에너지**라 불린다.

참고로 암흑물질과 암흑 에너지가 우주에서 차지하는 비율은 약 **95%**다[그림2]. 우주에는 아직도 수수께끼가 많다.

▶ 우주에 비축된 에너지의 비율 [그림2]

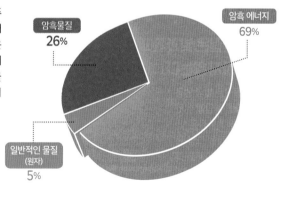

최근 연구에 따르면 우주에서 일반적인 물질(원자)에 비축된 에너지의 비율은 5%에 불과하다. 대부분 에너지는 정체불명인 암흑물질과 암흑 에너지가 차지하고 있다.

암흑물질 **26%**

암흑 에너지 69%

일반적인 물질(원자) 5%

75 우리가 살고 있는 우주는 앞으로 어떻게 될까?

 우주도 언젠가는 끝난다고 하며, 이에 관한 빅 크런치 등 다양한 가설이 있다!

우주는 탄생한 지 138억 년이 지났는데, 앞으로도 우주는 영원히 존재할까? 답은 "아니오"인 모양이다. 모든 일에 시작과 끝이 있듯이 **우주도 언젠가는 종말을 맞이한다**고 하며, 이에 관한 다양한 가설이 있다.

우주는 빅뱅에 의해 탄생한 이후로 계속 팽창하고 있다. 하지만 이윽고 이 팽창이 멈춘 다음, 이번에는 중력에 의해 수축하기 시작하여 결국에는 모든 물질이 찌부러져서 빅뱅 이전의 상태로 돌아간다는 것이 **빅 크런치**라는 가설이다. 부풀어 오르던 풍선에서 공기가 빠져 다시 원래대로 돌아가는 것과 비슷하다.

우주에 무수히 존재하는 항성은 핵융합에 의해 열을 만들어내는데, 언젠가 그 에너지가 바닥날 것이라는 주장도 있다. 항성과 은하가 차가워져서 마지막에는 모든 것이 얼어붙어 버린다는 가설을 '빅 칠'이라고 한다.

또한 여태까지 관측한 바에 따르면 우주가 팽창하는 속도는 계속 빨라지고 있다고 한다. 이대로 우주의 팽창 속도가 증가하면 별과 별, 은하와 은하 사이의 거리가 멀어질 뿐만 아니라 우리 몸을 이루는 원자마저도 뿔뿔이 흩어질지도 모른다. 이를 **빅 립** 가설이다.

이런 우주의 종말에 관한 가설은 아직 결정적인 증거가 없다. 더군다나 우주가 끝나기까지 500억~1,000억 년 이상 걸릴 것이라고 하니 일단 지금은 걱정할 필요가 없겠다.

▶ 우주의 종말

우주의 종말에 관해서는 대표적인 3가지 가설이 있다.

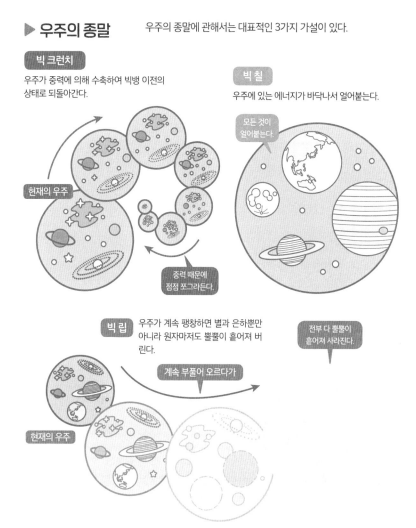

빅 크런치

우주가 중력에 의해 수축하여 빅뱅 이전의 상태로 되돌아간다.

현재의 우주

중력 때문에 점점 쪼그라든다.

빅 칠

우주에 있는 에너지가 바닥나서 얼어붙는다.

모든 것이 얼어붙는다.

빅 립

우주가 계속 팽창하면 별과 은하뿐만 아니라 원자마저도 뿔뿔이 흩어져 버린다.

계속 부풀어 오르다가

전부 다 뿔뿔이 흩어져 사라진다.

현재의 우주

76 원자보다 작다고? 기본 입자란 대체 뭘까?

그렇구나! 기본 입자란 물질을 구성하는, 다른 입자를 구성하는 기본적인 알갱이다!

기본 입자란 더는 잘게 나눌 수 없는 **가장 작은 알갱이를 이르는 말**이다. 이게 대체 무슨 뜻일까?

우리 주변에 있는 물질은 모두 **원자**라는 작은 알갱이로 이루어져 있다. 원자의 크기는 종류에 따라 다르지만, 대략 100억 분의 1m다. 이는 1mm의 1,000만분의 1밖에 되지 않은 크기라서 보통 현미경으로는 볼 수 없지만, 전자현미경을 사용하면 볼 수 있다.

▶ 기본 입자란 [그림1]

우리 주변에 있는 물질을 계속 잘게 나누다 보면 다음 그림과 같이 된다.

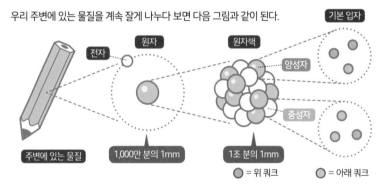

그런데 사실은 원자도 더 잘게 쪼갤 수 있다. 원자의 중심에는 원자핵이 있으며, 그 주위에는 **전자**가 있다. 원자핵 크기는 원자의 수만 분의 1이다. 또한 원자핵은 양성자와 중성자라는 입자로 이루어져 있다. 예를 들어 풍선에 넣는 기체인 헬륨의 원자핵은 양성자 2개와 중성자 2개로 이루어져 있으며, 원자핵 주위에는 양성자 개수와 같은 2개의 전자가 있다. 원자는 수소와 산소 등 다양한 종류가 있는데, 이 종류는 양성자 개수로 정해진다. 양성자와 중성자는 **쿼크**라는 더 작은 알갱이로 이루어져 있다. 따라서 **물질을 구성하는 기본 입자**는 '**전자**'와 '**쿼크**'라고 할 수 있다[그림1].

그 밖에도 빛과 전기·자기의 힘을 전달하는 **광자**(포톤), 중량의 근원인 **힉스 입자** 등 다양한 종류의 기본 입자가 존재한다[그림2]. 이러한 기본 입자를 연구하는 물리학을 **입자물리학**이라고 한다. 연구를 진행하면 우주가 성립한 과정이나 우주가 탄생한 비밀 등을 탐구할 수 있는 꿈이 넘치는 학문이다.

▶ 여태까지 확인된 기본 입자 [그림2]

기본 입자				
물질 입자			게이지 입자	질량을 부여하는 입자
1세대	2세대	3세대		
쿼크 *u* 위 / *d* 아래	*c* 맵시 / *s* 기묘	*t* 꼭대기 / *b* 바닥	강한 상호작용 *g* 글루온 / 전자기 상호작용 *γ* 광자 / 약한 상호작용 *W*⁺ *W*⁻ W보손 *Z* Z보손	*H* 힉스 입자
렙톤 *ve* 전자 중성미자 / *e* 전자	*vμ* 뮤 중성미자 / *μ* 뮤 입자	*vτ* 타우 중성미자 / *τ* 타우 입자		

77 양자론과 양자역학이란? 미시 세계 이론을 알아보자

벽을 뚫고 지나가는 등의 현상이 일어나는
미시 세계를 다루는 학문이다!

양자론이란 '미시 세계'에서 전자와 빛 등이 일으키는 현상을 설명하는 이론이다.
미시 세계란 **1,000만 분의 1mm** 이하의 원자보다도 작은 물질의 세계다. 이와
반대로 우리가 직접 눈으로 볼 수 있거나 현미경으로 관찰할 수 있는 물질의 세
계는 거시 세계라고 한다.

▶ 칸막이를 쳐서 둘로 나는 상자 속의 전자 [그림1]

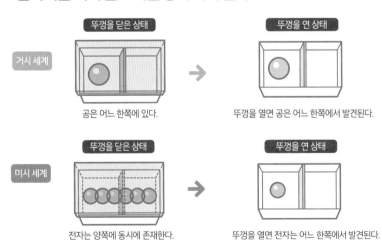

미시 세계에서는 거시 세계의 상식으로 설명할 수 없는 신기한 현상이 일어난다. 양자론에서는 **전자를 '입자'인 동시에 '파동'이라고 설명한다.** 전자는 관측되지 않을 때는 파동으로서 존재하며, 관측될 때는 수렴한 파동이 되는데 이것이 입자처럼 보인다는 것이다.

예를 들어 전자 하나를 상자 속에 넣고 칸막이로 상자 내부를 둘로 나눴다고 생각해보자. 우리의 상식으로는 상자 뚜껑이 열려 있든 말든 전자는 상자의 어느 한쪽에 존재해야 한다. 그런데 양자론에서는 상자 뚜껑이 닫혀 있을 때 전자는 어느 쪽에나 동시에 존재한다고 설명한다. 그리고 뚜껑을 열어 빛을 쏴서 관찰하면 전자는 어느 한쪽에서 발견된다[그림1].

다른 예를 들어 보자. 사람은 벽을 뚫고 지나갈 수 없다. 하지만 **전자는 마치 갑자기 생긴 터널을 통과하는 것처럼, 넘을 수 없는 벽을 뚫고 지나갈 수 있다[그림2].**

이는 물리학적으로도 수학적으로도 옳다는 사실이 밝혀져 있다. 양자론을 바탕으로 미시 세계 물리 현상을 수학적으로 설명하는 과학을 **양자역학**이라고 한다.

▶ 터널 효과 [그림2]

거시 세계

아야!

사람은 벽을 뚫고 지나갈 수 없다.

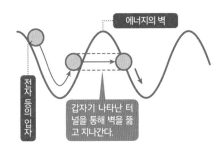

미시 세계 전자 등의 입자는 넘을 수 없는 에너지의 벽을 그냥 통과해버릴 때가 있다.

에너지의 벽

전자 등의 입자

갑자기 나타난 터널을 통해 벽을 뚫고 지나간다.

78 카오스, 혼돈 이론이란 어떤 이론일까?

기상 변화 등 예측이 어려운 복잡한 현상을
연구하는 학문이다!

혼돈(카오스)이라는 말에서 알 수 있듯이, **혼돈 이론이란 아주 복잡한 현상에 관한**
이론이다. 대체 어떤 것일까?

자동차가 고속도로를 시속 60km로 달리고 있다고 생각해보자. 우리는 이 차
가 A 지점을 통과하면 1시간 후에는 60km 떨어진 B 지점을 통과하리라 예측할
수 있다. 이 사례에서는 속도, 거리, 시간이라는 정보를 통해 미래의 위치를 알 수

▶ 미래에 일어날 물리현상을 예측할 수 있을까? [그림1]

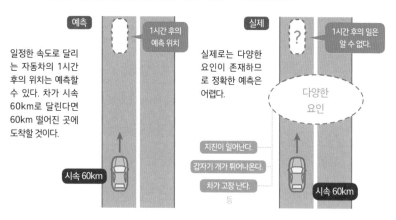

있었다. 그렇다면 차의 속도와 도로의 거리뿐만 아니라, 원자와 분자 등을 포함한 모든 정보를 알면 미래를 완벽하게 알 수 있지 않을까?

하지만 현실 세계는 아주 복잡하며 다양한 현상이 서로 영향을 주고받으므로, **미래에 일어날 물리 현상을 완벽하게 예측할 수는 없다**. 아주 약간의 차이만으로도 예측이 빗나갈 수 있기 때문이다[그림1]. 일기예보가 자주 빗나가는 것도 같은 이유다. 이러한 복잡한 현상을 다루는 이론이 혼돈 이론이다.

미래에 일어날 물리 현상을 예측하려면 컴퓨터에 계산에 필요한 수치(초깃값)를 입력한다. 언뜻 생각하기에는 초깃값에 약간 오차가 있어도 결과에는 큰 영향이 없을 것 같지만, 실제로는 초깃값이 아주 약간만 달라도 결과에 큰 차이가 생긴다.

이를 설명하는 비유로 **나비효과**라는 말이 있다. 나비효과는 "브라질에서 나비 한 마리가 날갯짓하면, (공기가 움직인 영향이 점점 파급되어)텍사스에서 토네이도가 발생할까?[그림2]"라는 미국 기상학자의 질문에서 유래했다. 이 질문에 대한 명확한 답은 없지만, 혼돈 이론을 연구하는 학자는 자연과 사회 등에서 나타나는 복잡한 현상을 해명하려 노력한다.

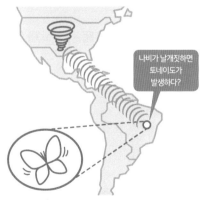

▶ **나비효과** [그림2]

나비가 날개짓하면 토네이도가 발생하다?

브라질에서 나비 한 마리가 날갯짓하면 텍사스에서 토네이도가 발생할까? 초깃값의 차이가 시간이 흐르면서 점점 증가하여 결국 큰 차이를 낳을 때, 혼돈 이론에서는 이를 "시스템에 초깃값 민감성이 있다"라고 표현한다.

79 일본에서 만든 원소인 니호늄이란 무엇일까?

그렇구나! 일본 이화학연구소에서 합성한 새로운 원소다.
평균 수명이 0.002초밖에 되지 않는다!

니호늄(nihonium)은 인공적으로 만들어진 원소의 이름이다. 이름에서 짐작할 수 있듯이, 일본의 이화학연구소에서 만들어낸 원소다. 새로운 원소를 만들었다는 말을 들으면 대단하다는 생각이 들 텐데, 애초에 원소란 무엇일까?

물질은 **원자**라는 알갱이로 이루어져 있으며, 원자의 종류를 **원소**라고 한다. 원소와 원자는 헷갈리기 쉬운데, '산소'를 예로 들어 설명해보겠다. "사람에게는 산소라는 원소가 필요하다"라는 식으로 개념을 설명할 때는 '원소'라는 말을 쓰면 된다. 한편으로 실제로 우리 몸에 흡수되는 산소는 '원자'로 이루어져 있다[그림1].

▶ 원소란? [그림1]

원소는 원자의 종류를 나타내는 말이다. 사람에게는 산소라는 원소가 필요하지만(개념), 실제로 몸속으로 들어오는 것은 산소 원자다.

자연계에는 약 90종류의 원소가 존재하며, 그 밖에도 인공적으로 만들어진 원소가 약 30가지 정도 있다. 원소에는 수소가 1, 헬륨이 2, 리튬이 3이라는 식으로 각각 번호가 달려 있다. 이 번호는 **원자 번호**라고 하며, 원자핵에 포함된 양성자의 개수를 나타낸다.

니호늄은 원자번호가 113인 원소다[그림2]. 즉, 양성자 개수가 113개라는 뜻이다. 2004년에 이화학연구소에서 세계 최초로 합성하는 데 성공했으며, 2016년에 국제적으로 인정받았다. 니호늄은 '일본'이라는 명칭에서 유래했으며, 'nihon' 뒤에 국제 순수·응용 화학 연합(IUPAC)에서 정한 규칙에 따라 '-ium'을 붙여서 '니호늄(nihonium)'이 되었다. 원소기호는 'Nh'다.

니호늄에 어떤 성질이 있는지는 아직 잘 모른다. 수소와 산소 등의 원소는 쉽게 붕괴하지 않지만, 인공적으로 만들어진 원소는 대체로 수명이 짧다 보니 금방 붕괴해 다른 원소로 변해버린다. **니호늄의 평균 수명은 0.002초**라고 한다.

▶ 니호늄 원자의 구조 [그림2]

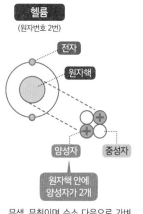

헬륨
(원자번호 2번)

전자
원자핵
양성자 중성자

원자핵 안에
양성자가 2개

무색, 무취이며 수소 다음으로 가벼운 기체다. 기구 등에 사용된다.

니호늄
(원자번호 113번)

니호늄의 원자핵 안에는 양성자가 113개 있으며, 원자핵 주위에 전자가 113개 존재한다. 헬륨 원자와 비교하면 구조가 복잡하다는 사실을 알 수 있다.

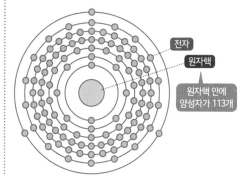

전자
원자핵

원자핵 안에
양성자가 113개

80 노벨 물리학상을 받은 일본인 과학자들은?

 그렇 구나! 노벨 물리학상을 받은 일본인은 11명이다.
최초 수상자는 유카와 히데키다.

노벨상은 **다이너마이트**의 발명자이자 거대한 부를 이룬 알프레드 **노벨**의 유언에 의해 1901년부터 시작된 세계적인 상이다. 물리학, 화학, 생리학·의학, 문학, 평화, 경제학, 6가지 분야의 상이 있다. 이 중에서 물리학상의 제1회 수상자는 엑스선(➡120쪽)을 발견한 독일의 **빌헬름 뢴트겐**이었다.

물리학상은 2018년까지 수상자가 총 210명인데, 이 중에서 일본인은 9명이다. 일본 출신이며 미국 국적인 사람까지 포함하면 11명이 된다. 수상 이유는 모두 이 책에 나온 **기본 입자**(➡210쪽)나 **양자론**(➡212쪽)과 관련이 있다.

일본인 중 최초로 노벨상을 받은 사람은 물리학상을 받은 유카와 히데키다. 일본인 수상자의 연구 내용은 대체로 일반인에게는 너무 어려운 내용이지만, 2014년 수상자 3명이 발명한 **청색 발광 다이오드**(LED➡130쪽)는 아주 친숙하게 들릴 것이다. 이것을 계기로 전 세계적으로 LED가 조명 기구로 쓰이게 되었다.

▶ 일본인 노벨상 수상자들

1949년에 유카와 히데키가 일본인 중 최초로 노벨상을 받았다.

연도	수상자 이름		수상 이유
1949	유카와 히데키	1907~1981	원자핵의 양성자와 중성자를 이어주는 중간자의 존재를 예상
1965	도모나가 신이치로	1906~1979	재규격화를 발명하여, 양자전기역학의 발전에 공헌
1973	에사키 레오나	1925~	반도체의 터널 효과를 발견
2002	고시바 마사토시	1926~	자연에서 발생한 중성미자 관측에 최초로 성공
2008	난부 요이치로 일본 출신, 미국 국적	1921~2015	입자물리학에서 자발 대칭 깨짐을 발견
	고바야시 마코토	1944~	CP 대칭성 깨짐의 기원을 발견하여 입자물리학에 공헌
	마스카와 도시히데	1940~	
2014	아카사키 이사무	1929~2021	에너지 효율성이 높은 백색 조명을 실현한 청색 발광 다이오드(LED)를 발명(※LED 등의 반도체는 양자론에 기반을 둔다.)
	아마노 히로시	1960~	
	나카무라 슈지	1954~	
2015	가지타 다카아키	1959~	중성미자가 질량을 지님을 나타내는 중성미자 진동을 발견

돌이킬 수 없는 커다란 실패를 하고 싶지 않다면, 이른 단계에서 하는 실패를 두려워해서는 안 된다.

유카와 히데키

물리학의 15 가지 대발견!

기원전에 발견한 아르키메데스의 원리를 비롯한 물리학적으로 중대한 15가지 발견을 선정했다. 세계의 상식을 바꾼 대발견의 역사를 살펴보자.

1 부력에 관한 대발견
아르키메데스의 원리

● **발견한 사람 아르키메데스**(그리스의 수학자, 물리학자)

➜ **기원전 250년경**

아르키메데스는 물체가 유체(액체 혹은 기체) 속에 있을 때 물체가 밀어낸 유체의 무게만큼 부력이 물체에 작용한다는 '아르키메데스의 원리'를 해명했다. 배, 풍선, 열기구, 빙산 등 유체에 떠 있는 모든 것과 관련된 법칙으로, 현대에도 부력을 계산할 때 사용되는 근본 원리다.

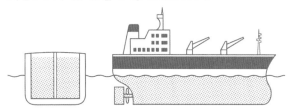

2 압력에 관한 대발견
파스칼의 원리

● 발견한 사람 **블레즈 파스칼**
(프랑스의 수학자, 물리학자)

➜ **1653년**

파스칼은 밀폐된 용기 내에서 정지한 유체의 일부에 압력을 가하면, 그 압력은 유체 내의 모든 곳에 같은 크기로 전해진다는 '파스칼의 원리'를 발견했다. 이 원리를 응용해서 유압잭과 유압브레이크 등의 유압기, 수압 펌프 등이 만들어졌다.

3 만유인력의 법칙
역학에 관한 대발견

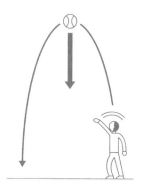

● 발견한 사람 **아이작 뉴턴**(영국의 물리학자, 천문학자 등)
➔ **1687년**

우주의 모든 물체에는 서로 끌어당기는 힘이 작용하며, 이 힘을 만유인력이라고 한다. 이를 통해 뉴턴은 지상과 우주의 운동 법칙을 통일하여 정리했으며, '역학'이라는 학문으로 발전했다.

4 샤를의 법칙
온도와 부피에 관한 대발견

● 발견한 사람 **자크 샤를**(프랑스의 물리학자)
➔ **1787년**

샤를은 압력이 일정하다면 온도가 1℃ 오를 때마다 부피가 0℃일 때 값의 273분의 1씩 증가한다는 '샤를의 법칙'을 발견했다. 이 기체 팽창에 관한 법칙은 오늘날 에어컨과 냉장고 등에 응용되고 있다.

5 전자기 유도 법칙
전류에 관한 대발견

● 발견한 사람 **마이클 패러데이**
　　　　　　　(영국의 화학자, 물리학자)
➔ **1831년**

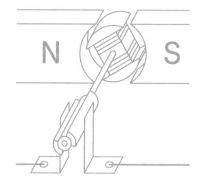

코일 내부의 자기장을 변화시키면 그 코일 내에 전류를 흘리려는 힘(기전력)이 발생한다. 전자기 유도에 의한 기전력을 유도 기전력이라고 하며, 이에 의해 흐르는 전류를 유도 전류라고 부른다. 발전기와 모터는 패러데이가 발견한 이 원리 덕분에 만들어졌다.

6 줄의 법칙
열역학에 관한 대발견

● 발견한 사람 **제임스 프레스콧 줄**
(영국의 물리학자)

➜ **1840년**

줄은 도선 안에서 흐르는 전류에 의해 발생
한 열의 양이 전류 세기의 제곱, 도선의 저
항, 그리고 시간에 비례한다는 '줄의 법칙'
을 발견했다. 줄의 법칙이 발견되면서 열역
학이라는 학문이 발전할 수 있었다. 이 작
용으로 발생하는 열을 '줄열'이라고 하며,
토스터와 전기난로 등으로 이용된다.

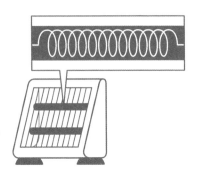

7 맥스웰 방정식
전자기학에 관한 대발견

● 발견한 사람 **제임스 클러크 맥스웰**(영국의 물리학자)

➜ **1864년**

'맥스웰 방정식'은 전기장과 자기장의 작용을 기술한, 고전적인 전자기 현상의 기초 방정식이다. 수
많은 학자가 전기와 자기의 관계에 관한 실험을 했는데, 이렇게 축적된 실험 결과를 맥스웰은 수학
을 이용해 이론화하여 맥스웰 방정식을 만들었다. 이 방정식은 전자기학의 기초이며 정보 통신 기술
에서 빼놓을 수 없는 존재다.

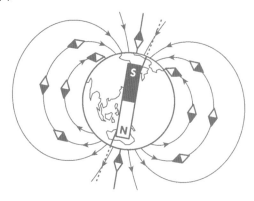

8 엑스선
전자기파에 관한 대발견①

● 발견한 사람 **빌헬름 뢴트겐(독일의 물리학자)**

➜ **1895년**

엑스선은 뢴트겐이 음극선이라는 방사선을 연구하던 중에 발견한 전자기파로, '미지의 성질을 지니는 방사선'이라는 의미에서 엑스(X)선이라는 이름을 붙였다. 엑스선에는 물질 투과 작용과 사진 감광 작용 등이 있어서, 병원의 엑스선 촬영이나 공항의 수하물 검사 등에 활용되고 있다.

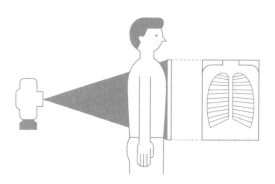

9 무선 통신
전파에 관한 대발견

● 발견한 사람 **굴리엘모 마르코니**
(이탈리아의 발명가)

➜ **1895년**

전파를 이용해 정보를 전달하는 무선 통신 실험을 성공시킨 마르코니는 대서양을 뛰어넘는 무선 통신, 선박끼리의 통신 등 폭넓은 실험과 사업을 진행했다. 이 무선 통신 기술은 라디오, 휴대전화 등에 폭넓게 활용되고 있다.

10 방사능
전자기파에 관한 대발견②

● 발견한 사람 **앙투안 앙리 베크렐**
(프랑스의 물리학자)

➜ **1896년**

베크렐은 어떤 종류의 물질에는 방사선을 내는 능력인 '방사능'이 있다는 사실을 발견했다. 엑스선이 발견되었다는 사실에 자극을 받은 베크렐은 우라늄이 방사선을 낼 수 있음을 실험으로 확인했다. 방사능은 병원의 방사선 치료, 원자력 발전 등에서 응용되고 있다.

11 양자론

양자론 연구에 관한 대발견

● 발견한 사람 **막스 플랑크**
(독일의 물리학자)

➔ **1900년**

모든 파장의 전자기파를 완전히 흡수하는 가상의 물체를 흑체라고 한다. 플랑크는 흑체가 방사하는 에너지와 기존 법칙 사이의 모순을 해결하려면, 빛의 에너지가 어떤 최소 단위의 정수배 값만을 지녀야 한다고 주장했다. 이를 양자가설이라 하며 양자론 연구의 밑거름이 되었다.

12 상대성이론

빛과 중력에 관한 대발견

● 발견한 사람 **알베르트 아인슈타인**
(독일의 물리학자)

➔ **1905년, 1915~1916년**

아인슈타인이 1905년에 발표한 특수 상대성이론은 중력장이 없는 상태의 관성계만을 다룬 한정적인 이론이었으며, 1915년에 발표한 일반상대성이론은 가속도 운동과 중력을 포함한 이론이었다. 이들 이론은 현대 물리학의 기초가 되었으며, 입자 물리학 연구와 블랙홀 해명 등에도 활용되고 있다.

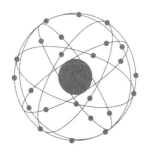

13 양자역학

미시 세계에 관한 대발견

● 발견한 사람 **에르빈 슈뢰딩거, 베르너 하이젠베르크 등**(독일의 물리학자)

➔ **1926년**

'양자역학'은 미시 세계에서 일어나는 현상을 설명하는 학문이다. "전자와 같은 미시 세계의 존재는 위치와 운동량을 측정하는 일에 원리상의 한계가 있으며, 측정값의 편차에는 일정한 관계가 성립한다"라는 양자역학의 원리를 '불확정성 원리'라고 한다.

14 빅뱅 이론

우주의 기원에 관한 대발견

● 발견한 사람 **조지 가모프**

(미국의 물리학자)

➜ **1946년**

허블-르메트르 법칙에 따르면 우주
는 계속 팽창하고 있다. 이 법칙을
기반으로 가모프는 빅뱅(대폭발)에 의
한 우주 기원론을 제안했다. 우주는
대단히 밀도가 높은 불덩이가 대폭
발을 일으켜 탄생했으며, 그 과정에
서 다양한 원소가 합성되었다는 이
론이다.

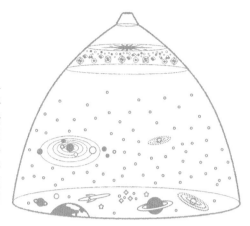

15 트랜지스터

전기에 관한 대발견

● 발견한 사람 **윌리엄 쇼클리, 존 바딘, 월터 하우저 브래튼**

(미국의 물리학자)

➜ **1948년**

저항이 금속과 절연체의 중간 정도인 반도체가 발견된 후, 반도체
인 저마늄(게르마늄)에 불순물을 섞은 물질로 전기를 정류, 증폭, 변
환할 수 있다는 사실이 밝혀졌다. 이는 트랜지스터라 불리며 라디
오와 TV 등 수많은 전자제품에 사용되고 있다.

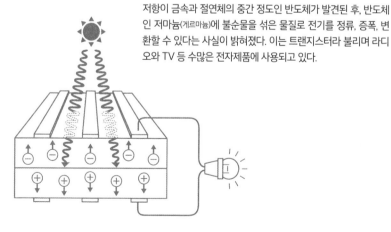

참고문헌

『「상대성이론」을 즐기는 책』佐藤勝彦監修(PHP研究所)

『13歳からの量子論のきほん(ニュートンムック)』(ニュートンプレス)

『オーロラ!』片岡龍峰(岩波書店)

『すごい! 磁石』宝野和博・本丸諒(日本実業出版社)

『ダークマターと恐竜絶滅 新理論で宇宙の謎に迫る』リサ・ランドール(NHK出版)

『ビッグ・クエスチョン―〈人類の難問〉に答えよう』スティーヴン・ホーキング(NHK出版)

『ベースボールの物理学』ロバート・アデア(紀伊國屋書店)

『リチウムイオン電池が未来を拓く』吉野彰(シーエムシー出版)

『ロウソクの科学』ファラデー(角川書店)

『ロケットと宇宙開発(大人の科学マガジン別冊)』(学研プラス)

『宇宙はどこまで行けるか―ロケットエンジンの実力と未来』小泉宏之(中央公論新社)

『宇宙は何でできているのか』村山斉(幻冬舎)

『科学史年表』小山慶太(中央公論新社)

『確実に身につく基礎物理学』(SBクリエイティブ)

『学研パーフェクトコース中学理科』(学研プラス)

『基礎からベスト物理IB』(学研プラス)

『新しい気象学入門―明日の天気を知るために』飯田睦治郎(講談社)

『図解 眠れなくなるほど面白い 物理の話』長澤光晴(日本文芸社)

『物理質問箱―はて,なぜ,どうして?』都筑卓司・宮本正太郎・飯田睦治郎(講談社)

『面白くて眠れなくなる物理』左巻健男(PHP研究所)

『量子力学を見る―電子線ホログラフィーの挑戦』外村章(岩波書店)

『「量子論」を楽しむ本』佐藤勝彦監修(PHP研究所)